じゃない人
エンジニアが
欲しいシステム
を手に入れる
ためにすべきこと

What non-engineers should do to get the system they want.

細川義洋
Yoshihiro Hosokawa

ソシム

ブックデザイン　沢田幸平（happeace）
イラスト　今宵
ＤＴＰ　有限会社 中央制作社

はじめに

会社の業務や日々の生活はデジタル化が進み、ＩＴはもはや、私達に欠かせない存在となりました。しかし、このＩＴの開発や導入においては、かなりの確率で納期やコストのオーバー、あるいは品質の不良が発生し、多くの人々を苦しめていることも事実です。

自分の思った通りに動かないシステム、不具合への対応に夜を徹して作業をしながら、追いつめられるベンダー、業務などが止まって頭を抱える最終利用者。ＩＴの周囲にはいつもそんな人々が溢れています。

本書は、そんなトラブルの原因の一つであるユーザーのシステム開発への関わりと、その意欲について私自身の経験も交えて書いています。

私はＩＴベンダーのＳＥとして、営業として、プロマネとして、そしてユーザー側の人間としても長くＩＴに携わり、多くの失敗を目の当たりにしたり、自分自身も沢山の後悔をしてきました。本書では、そんなことも含め、世の中にある様々なＩＴの失敗を反面教師に、とくにユーザーサイドの注意事項や心構えを物語風に記しています。

物語にしたのは二つのねらいがあります。一つは、ユーザーとしてのノウハウを、ただ教科書的に記すより、実際の場面とユーザーの心情を読者に追体験していただき、自分事としてイメージしやすくしていただくこと。そしてもう一つは、こちらの方が大切なのですが、この本を読んで、ご自分の場合だったらどうするかを考えていただくことです。

物語の主役である内田マサトは、お世辞にも優秀とはいえないＩＴユーザーであり、おそらく多くの読者の皆様は、自分だったらこんな失敗はしないと考えるかもしれません。では、そんな皆様だったらマサトのような失敗を避けるために、どのようなことを考え、また実践されるでしょうか。自分の会社だったらこうする、こうやってプロジェクトを成功させればいいはずだ。そんなことを皆様の中で考えていただき、自分なりの理想のユーザー像を普段の業務という舞台の中で作り上げていただくことを目的としています。

もしかしたら、本書に書かれている様々な方法論について異論を持つ方もいらっしゃるかもしれません。しかし、では、ご自分達ならどうするか、もっと良い方法はあるのか、それを考えていただきたいというねらいもあります。実際、そのようにして作り上げる自分なりの「勝利の方程式」こそが、皆様がそれぞれに持つ宝物ということになるのでしょう。

ぜひ、本書を一つの踏み台として、ご自分達なりの成功法則や失敗の回避策を確立していただければと思います。本書が皆様のＩＴ開発やデジタルトランスフォーメーションに、どのような形であれ寄与することを願っています。

最後になりましたが、私にＩＴ本の記述を勧め、様々なご教示をいただいた井之上達矢先生、星淳一様、拙著への評論を含め様々な叱咤激励をいただいた山本一郎様、私の文筆活動の原点ともいうべき執筆の場を与えていただいた鈴木麻紀様、小泉真由子様、本書執筆の際、数多くのアドバイスをいただいた樽田清香様、岡田花様、阿部真由子様に深く感謝の意を表したく思います。まことにありがとうございました。

２０２４年9月　細川　義洋

登場人物一覧

内《うち》田《だ》マサト　28歳

本書の主人公。営業職員としての成績は最底辺の、ド文系人間。IT、DXに関する知識も全くない。体は細く運動も苦手な上、すぐに半べそをかく泣き虫でもある。唯一の取柄は、人と話をすることが大好きなこと。

豆《まめ》田《た》久《く》美《み》　41歳

DX室長。もともとは経営企画室長でITに関する知識はないが、その行動力と優秀な頭脳を買われ、社の重要施策であるDXを推進する現職に抜擢された。竹を割ったような性格で室内の人気は高いが、歯に衣着せない物言いは度々、マサトを傷つける。

若《わか》田《た》ナオミチ　36歳

大手家電量販店ワカタ電機の長男。コネ入社でアサヒ住宅に入社し、4年前のDX室発足時から籍を置いている。

本人はいずれワカタ電機に戻り社長業を継ぐつもりだが、実は1年前に社長は弟に代替わりしている。

それでも、弟は自分がDXに関する修行を終えて会社に戻るまでのツナギだと信じるナオミチは、今日も呑気に過ごしている。

薄《うす》羽《ば》レイカ　年齢不詳

DX室の庶務担当。元システムエンジニアであり一定のITスキルを持つが、現在はそうした仕事を行ってはいない。

一年中黒ずくめの服装と魔女さながらのメイクで、人の苦しむ姿を見るのが無上の喜びという異常性の持ち主。

日暮《ひぐらし》アキラ 推定27歳

DX室唯一のIT専門家。非常に高いスキルを買われて引き抜かれたが、入社以来一度も出社したことがなく、すべての作業をテレワークで行う。会議でも顔を見せることはなく、社内では引きこもりを疑われている。

真野《まの》マリア 26歳

コンサルからの謎多き出向者。

桜井《さくらい》ミズキ 24歳

マサトの恋人。都内の劇団に身を置く俳優だが、まだ経験も少なく実際には見習いに近い。マサトとはアサヒ住宅のイベントの際に出会った。明るく愛らしい容姿の持ち主だが、舞台に立つ人間らしく、その芯は強く意思表示もはっきりしている。

小久保《こくぼ》力也《りきや》 40歳

DX室の最年長メンバー。大学野球で活躍後、社会人野球の選手としてアサヒ住宅野球部に入部。社内での仕事はほとんどせず、野球だけを行ってきたが、3年前に引退した後DX室のメンバーとなった。彼にすればDX室は初めての会社員生活の場である。

角田《かくた》一路《いちろ》 27歳

メガバンクの情報システム室からの転職者。杓子定規なモノ言いで場を凍りつかせるが、プロジェクトマネジメントの知識で彼の右に出る者はいない。

朝日《あさひ》泰平《たいへい》 58歳

アサヒ住宅の創業者社長。一代で社員数1万人を超える会社に育てた辣腕社長。
社長らしい決断力と責任感の持ち主だが、ITに関する知識は乏しい。

江守《えもり》薫子《かおるこ》 58歳

アサヒ住宅創業時からのメンバーで、朝日の学生時代からの旧友。朝日の相談役でもあり、朝日のことを「泰平ちゃん」と呼んでいる。

第3章 要件定義への関わり方

第4章 プロジェクト計画の作り方

第5章 ベンダーコントロールの仕方

第6章 ユーザーのあるべき姿

プロローグ

中堅の不動産仲介業者であるアサヒ住宅販売の東京営業所は新宿駅から高層ビル群を抜けた先にある7階建のビルの1階と2階にあった。手前には数十階のビルが立ち並び、反対側には高級住宅地が続くという立地にあるこの営業所は、全国に50以上あるアサヒ住宅の営業所の中で最も高い売上が期待され、またその期待にこたえ続けてきた優良店舗である。

もっとも、営業成績は初めから好調だったわけではない。開設後4年ほどは、すでに周囲にいくつも存在した大手業者に阻まれて契約どころか引き合い数すら月に数件という状態であり、社内では早期撤退を求める声も上がっていたほどだ。しかしその後、関西支社のエースと言われた売野良一が営業課長として赴任したことにより、この営業所の成績は一気に改善し、今や社内の全売上の15%を稼ぐほどにまでなっていた。

しかしながら、そんな花形営業所であっても、そこにいる者全てが優秀な営業職員であるとは限らない。どんな部署にも一人や二人はウダツの上がらない落ちこぼれのような社員がいるものだ。入社6年目の内田マサトはそうした社員の典型で、東京営業所に配属以来、その成績は常に最下位を走り続け、同年代はおろか同じ営業所に勤める後輩社員達にもその売上において大きく水をあけられていた。

そんなマサトが売野の席に呼びつけられたのは、決算期も迫った3月中旬のことだった。

「ああ内田君、悪いんやけど」

売野は東京赴任後も全く直そうとしない関西弁で話した。

「な、なんですか？」

マサトは売野の席の前に立ったまま、恐る恐る売野の顔を覗き込んだ。


マサトがこうして課長席に呼ばれるのは、さっぱり改善しない営業成績について叱責を受ける時に決まっている。そもそも大学時代に空手部に所属し体も大きな売野は、骨に皮をかぶせただけの体の持ち主であるマサトにとって、存在そのものが一種のハラスメントであった。体だけではなく、常日頃から「営業は足。成績と汗の量は比例するんや」という古式ゆかしいモットーの持ち主でもある売野の部下指導はまさに体育会系を地でいく根性論の山でもあり、およそ体力や気合いといったものとは無縁のマサトとは相入れない。二人は、気持ちの通じるところのない、水と油どころか担々麺に生クリームほどに相性の悪い上司と部下だった。

しかし今日の売野はいつもとは異なり、どこか柔和な顔でマサトを見つめている。微かだが口元には綻びが見られ、いつもなら30度くらいの角度をつけて吊り上がっている眉毛も今は水平になっている。

「アンタ、本社のデジタル・トランスフォーメーション室ちゅうところに行ってくれるか？」

売野が言った。

「デジタル・トラ……トロ……」

マサトは売野の口にした部署名を復唱しようとしたが言いなれない言葉に舌がもつれた。

「デジタル・トランスフォーメーション室。言いにくかったらＤＸ室でええ」

今日の売野は表情だけでなく、声もシルクのように耳当たりが良い。ただマサトは、その複雑な部署名だけが気にかかり、売野の言う〝行ってくれるか？〟の意味が人事異動であることまで気づくことができなかった。

「で、そのデジ……ＤＸ室がどうかしたんですか？」

尋ねるマサトに売野は一層口角を上げ、目を大きく見開いた。これまで見たことのないほどの笑顔は、秋田のナマハゲを思い起こさせる。もっとも、ナマハゲの表情というのは大抵、怒りに満ちているものだが、彼ら、特に赤い顔をした方が笑えば、きっとこんな表情になるのだろうとマサトは思い、同時に背中の中心に走っていた悪寒が首筋を這い上がり両耳に達するのを感じた。

「だからさ……」

売野は不気味な柔らかい表情を崩すことなく言った。「ＤＸ室ちゅうんは、社内のＩＴ化を進める部署でな、その為にはＩＴの専門家だけでなく、各部門の業務を知る人間が必要ってことで色んな部門から人を集めてる。んで、営業部からはアンタが選ばれたっちゅうわけや。名誉なことやで」

マサトはここまで言われてようやく、これが内辞であることに気がついた。

「ちょ、ちょっと待ってください。そんな、なんで僕が？」

マサトの声が大きくなった。

「デ、デジタルなんとかって、要はコンピュータの部署ですよね？」

「そうや。社内システムやお客様に向けたＷＥＢサービスを作って面倒を見る部門や」

「そんな、ぼ、僕コンピュータのことなんて何も知りませんよ」


入社以来ずっと営業を担当するマサトは大学も経営学部でＩＴやＤＸと言ったものに触れる機会はなかった。パソコンに向かうのはワープロや表計算を使うときのみで、マイクロソフト・エクセルが単なる表づくりの為のソフトウェアではなく、複雑な計算や判断ができる高度なソフトウェアであることも、つい最近知ったばかりだ。


「心配せんでも、あっちの室長、これワシの同期なんやけど、〝ＩＴのことはこっちで教えるから大丈夫〟言うてたで」

「でも……」

売野はそう言って小さく頷いた。

マサトは営業職が嫌いではなかった。成績は最低でも人と話す仕事に喜びを感じていたのだ。学生時代、勉強も運動も不得意で、口も上手ではないマサトは友人の間でも存在感というものがまるでなく、ただ人の会話に合わせてへらへらと笑うだけの人間だった。

それが会社に入って営業になってからは、職場の人間もお客さんも皆、マサトの話に真剣に耳を傾けてくれるし、何よりもこちらの顔を真っすぐに見てくれる。相手にしてみれば業務の都合上、あるいは自分の家を探すという必要上、そうしているにすぎないのだが、それでも相手が自分の言葉に頷いたり、返事をしてくれたりすること自体、マサトにはそれまでの人生で経験したことのない喜びだった。

「僕、まだ営業やってたいです」

マサトの言葉に売野の顔が初めて曇った。

「ええやないか。ここにいたって、アンタどうせヒマなだけやろ?」

「ヒマって」

「……ったく、なんなんやろなあ……アンタの同期のササキは、今日の午後だけで4件もアポ取って息つく間もなく動いてる。後輩のアラキは今月もう3件も賃貸契約とって大忙し。新人のトミタですら、メールで問い合わせてきた客をうまく捕まえて面談に持っていった。それに比べて、〝マサトくん〟はどうかなあ?君、今日のアポは何件だっけ?」

「き、今日は……まだ」

少し目を伏せて答えるマサトの言葉に、売野は言葉をかぶせるように言った。

「今日〝は〟じゃなく今日〝も〟だよねえ。そもそも君、今月、契約何本?ササキとアラキは、それぞれ6本ずつやけど、マサト君はあ?」

具体的に数字を出されると、マサトは何も言えなかった。今月、マサトが獲得した契約は、家賃12万円ほどのワンルームマンションの契約1本きりだった。

「そういうわけやから」

何も答えられずにいるマサトに売野が言った。

「4月からアンタはＤＸ室員や。職場も勝どきの本社になる。ええな？」

いつの間にか売野の顔はいつも通りの鬼瓦のような顔に戻っている。

「はあ」

マサトはそう言うのが精いっぱいだった。この人事はもうすでに決まったことであり、売野に何を言ったところで覆ることはないことが分かったのだ。

「それとな」

売野が続けた。

「さっき言うたＤＸ室長がな、明日の午後三時にオンラインでアンタにＤＸ室の紹介したいて言うてたから、準備しといてな。アンタの都合聞かんで悪かったけど、どうせ用事もないやろ思うて」

「……はい」

実際に、なんの用事もないマサトは、ただ頷くしかなかった。

「あっちの室長、豆田久美いうんやけど、名前通りの豆タンクでな、体は小さいけどバンバン成果を上げる切れ者やで。心優しい俺と違ってきっつい女やけど、まあ頑張ってな」

＊

その日の夜、自宅であるワンルームマンションに戻ったマサトは恋人の桜井ミズキとＬＩＮＥで会話をした。

〝じゃあ4月から勝どきに通うの？ 良かった。アタシの稽古場からも近いし、一緒に帰れることも多くなりそう〟

ミズキは都内を中心に活動する劇団に所属する俳優だ。もっともその立場は劇場の案内係兼、大道具兼役者と言ったところで、まともな役はなかなか貰えていない。しかし最近は〝脇〟とは言え複数のセリフのある役も貰えるようになり、稽古の量も増えたため忙しい。以前は頻繁に行っていたマサトの家での〝お家デート〟も最近は月に1、2度というペースに落ち込んでいる。それでも、自分に自信がなくオクテなマサトにとって、この24歳の恋人は人生に欠かせない存在となっており、LINEメッセージでのやりとりは、マサトにとって絶対に外すことのできない、何よりも大切な日課だった。

マサトとミズキが知り合ったのはアサヒ住宅が開いた顧客向けのパーティの際、コンパニオンのアルバイトとしてミズキが来たときだ。営業職員として受付を担当していたマサトは、同じ受付に立つミズキとアニメやゲームの話で盛り上がった。そして、その週末に幕張で開かれたコミケに一緒に行ったのをきっかけに頻繁に会うようになり、いつしか恋仲となっていた。

〝勝どきオフィスなら、ミズキちゃんの豊洲とすぐだもんね。それが唯一、この異動で良かったことかなあ〟

マサトは返信した。

〝嫌なの？ 新しい部署〟

〝うん。でも仕方ないよ。サラリーマンだから〟

〝だよね。私達の将来の為にもマサトには頑張ってもらわなきゃ〟

将来という言葉にマサトの心が弾んだ。

〝だね。うん、とにかく頑張ってみるよ〟

そのように返信はしたものの、マサトの本心は暗かった。ＩＴなど知らない自分がＤＸ室で仕事ができるはずはないとの気持ちは売野との会話の後でも全く変わらなかったし、顧客の笑顔と触れ合える営業への未練は全く断ち切れずにいた。

＊

翌日、ＤＸ室長の豆田とのオンラインミーティングが開催された。

「ＤＸ室って言っても、別にＩＴの専門家が集まった部署じゃないから、大丈夫」

画面の向こうの豆田が、やや早口に言った。小さいが鋭い目が真っすぐにマサトを見据えている。

「はあ」

マサトの納得しかねるような口調を気に留める様子もなく、豆田は続けた。

「アタシだって、経営企画の出身でＩＴなんてド素人だし、うちにいる室員の中でＩＴのことをちゃんと知ってるのは、うーん……一人だけかな？」

「一人ですか？」

マサトが驚いた声で聴き返した。売野から事前に聞いた話では、ＤＸ室には20人ほどのメンバーがいるらしい。その中でＩＴの専門家が1名しかいないというのだ。

「そ」

豆田はこともなげに言った。

「日暮アキラってのを最近引き抜いてきたんだけど、それだけ」

「ＩＴのこと、よく知ってるんですか？その人」

マサトの問いに画面の向こうの豆田は少し首を傾げた。

「仕事はできるわ。アタシも会ったことないからどんな人なのかはよく知らないけど」

「あ、会ったことない？」

マサトは豆田の言う意味が分からずに尋ねた。

「ずうっとテレワークで仕事してて一度も出社したことないからね。オンライン会議のときもずっとカメラオフだし。だから、どんな顔してるのか全く分からない」

「はあ？」

そんなことがあり得るのか。マサトは目を丸くしたが、豆田は構わずに続けた。

「どうも、それが入社の時の条件だったみたい。それでも、設計もプログラム作りも期限通りにやるし、間違いもない。ＩＴに関することは相当知っていて、聞いて答えられないことはないから便利よ」

「……」

いくらなんでも、上司が部下の顔を知らないなんてことがあり得るのか？ そんな部署、本当に大丈夫なんだろうか。あまりのことにマサトが何も答えられずにいると、豆田は「それでね」と言い、DX室のミッションや人員構成、今実施しているプロジェクトなどについて簡単に紹介し、一方的に会議は終わってしまった。

結局のところ、DX室がどんな仕事をするところなのか、専門用語が多く含まれた豆田の言葉をマサトは半分も理解できないままだった。マサトは数週間後の自分の未来が全く見通せないまま、ただ席に座ったきり会議の終了したパソコンの画面を見つめ続けていた。

「さあ、4月から新規メンバーも入れて、もっともっと稼ぐで」

マサトの背後では、売野が、マサト以外のメンバーにそんなハッパをかけていた。

第1章

IT担当者の心構えの作り方

実はIT担当者が一皮むけるのは、ITに詳しくなった時ではなく、「やるしかない！」と肚をくくったときだったりするのです。

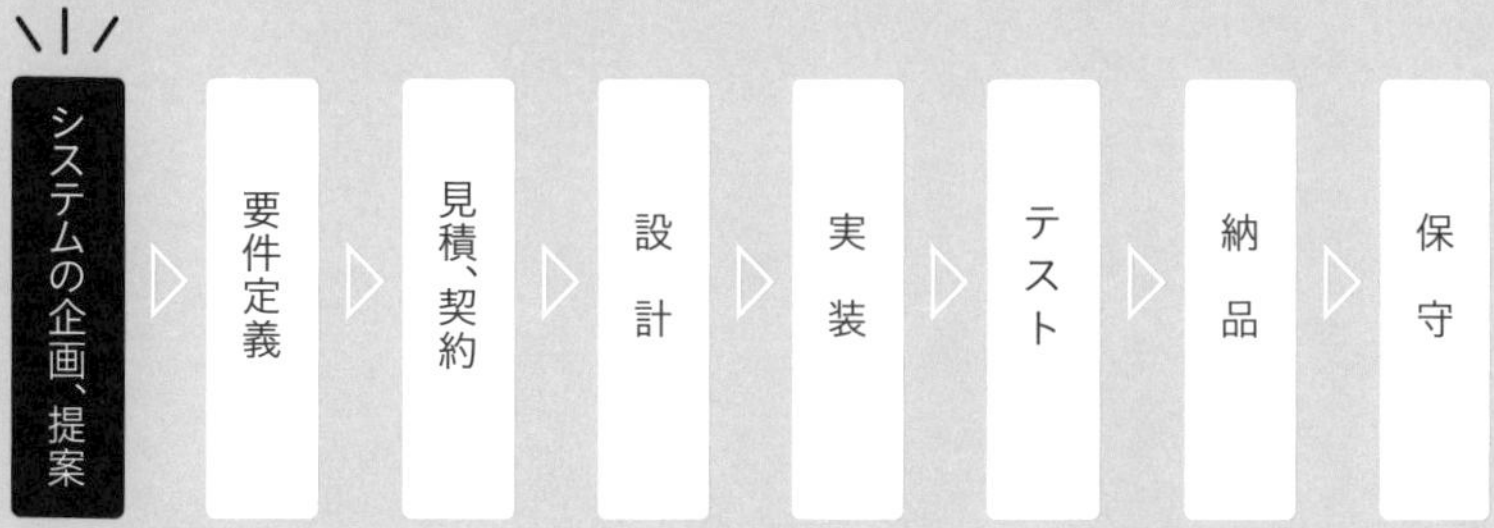

登場するシステム

住宅情報検索サービス

どんなシステム？

顧客の通販サイトの買い物履歴をAIが解析し、趣味嗜好に合った物件を紹介するサービス

この章でできるようになること

・思いがけずIT部署に配属になったときの気持ちの切り替え方がわかる
・突発的なシステム障害が起きたときのチームワークの大切さがわかる

心ならずもＩＴ開発の担当を命じられて不満を覚える人は少なくないようです。自分は家を売りたくてこの会社に入ったのに、車を作りたくて就職したのに、モノを書く仕事が夢だったのに……そんな思いを抱きながら、よく分からないＩＴの世界に飛び込むことに抵抗感を覚える人も多いことでしょう。

でも、やるからには一生懸命頑張らないと複雑で難易度の高いＩＴの仕事で成果を出すことはできません。その為に、まず必要なことはＩＴに臨む上での覚悟です。

さて、気に染まないＤＸ室行きを命じられたマサトは、一体、どのような経験を経て、そうした心構えを作っていくのでしょうか。

本書が取り上げる最初のテーマは、「ＩＴ担当者の心構えの作り方」言い換えれば、覚悟の持ち方です。

こんなことをしたくて会社に入ったわけじゃない

ＤＸ室に異動して一か月がたった月曜の朝、デスクでパソコンに向かうマサトは突然、周囲の気温が下がったような感覚に襲われた。

誰かがエアコンの温度を下げたのかとパソコンから目を離したとき、背後から抑揚というものが全くない声がマサトに浴びせられた。

「マサト……」

「ひっ！」

マサトは小さな悲鳴を上げた。瞬時に緊張した背筋の影響か、お尻も座席から0・5cmほど浮き上がったのではないかと思う。

「なっ、なんすか」

振り向くと、そこには室内の庶務を担当する薄羽レイカが喜怒哀楽のない顔で立っていた。黒いアイラインに縁どられた切れ長の目で真っすぐにマサトを見つめている。

庶務担当はメンバーの勤怠や給与に関する書類のとりまとめ、各種の連絡などをはじめとする室内の事務を担当する職員だ。マサトもDX室に赴任以来、彼女には何くれとなく世話を焼いてもらっているが、未だに彼女から声を掛けられるときには必ず心臓が止まる思いがする。とりたてて声が大きいわけでも厳しいわけでもない。ただ彼女はいつも一切の気配を感じさせることなく真後ろからいきなり声を掛けてくるので心の準備ができないのだ。

「これ、書いて」

レイカはそう言って一枚の紙をマサトの前に差し出した。紙を持つ指先の暗い紫色をしたネイルと薬指に乗せられた十字架のパーツが春先の陽気と全くマッチしていない。爪だけではない。レイカのファッションは常に黒を基調としており、今日のブラウスとロングスカートも真っ黒だ。確か昨日はパンツルックで、その前はワンピースだったが全て色は黒一色。おそらく一年中こんな格好なのだろう。

「異動」

レイカが呟くように言う。その言葉には感情を感じさせるものは一切ないが今は珍しくその口元にわずかな笑みが浮かんでいる。しかし、その唇は透けるような白い顔とは対照的に黒ずんだ紫色でまるで吸血鬼だ。マサトは思わずレイカの笑顔から視線を逸らして手渡された紙片を見た。

〝異動願〟Ａ４の紙片の上部にはそう書かれていた。

「異動って、ええっ僕、異動するの？だって、まだ先月ここに来たばかりだよ？」


アサヒ住宅では、通常の定期人事異動以外に社員から異動を希望する制度がある。もっと自分の適性に合った部署で力を発揮したい、あるいは職場に馴染めないと考える社員が希望の部署とその理由を書いて人事部に提出する。無論、希望通りに異動できる確率はあまり高くはないが、それでも中には希望がかなってそれまでよりも高いパフォーマンスを発揮する社員もおり、間接的には会社の業績にも寄与する制度だ。

ただ、この制度には別の使い道もある。その部署では全く活躍できる見込みがないと判断した上司が部下にこれを書くように命じる。形式的には部下の異動希望だが実際のところは体の良い〝追い出し〟である。しかし、この上司による異動願も社員の評判はそれほど悪くない。一見強引なようだが上司が異動届を出させようとする社員は業績や人間関係に問題を抱えているので、周囲の抵抗もあまりないし部下自身も成績も上がらず居心地の悪い部署にいるよりはと納得する場合が多いのだ。この場合はかなりの高い確率で異動は決定する。

「豆田室長がこれに自筆で署名しろって」

そう言うレイカにマサトが尋ねた。

「もしかして、営業部に戻れるとか?」

マサトの問いにレイカは「そんなわけない」と言った。首を2、3回横に振った拍子に背中まで伸びた真っ黒な髪が揺れ、右耳の後ろに隠れていた銀色に輝く一束が覗く。

「じゃあ」

マサトは異動願いをもう一度見つめた。希望異動先には、〝業務支援部〟と書かれている。

「これって、あの……」

「オジ捨て山」

レイカの目が輝いている。

「ちょっ……待ってよ、なんで?」

マサトは思わず立ち上がった。


〝業務支援部〟というところが何の業務を〝支援〟しているのかと言えば全く何もしていない。定年を間近に控えた社員だけが集められ、日がな一日自身のセカンドキャリアの為の情報収集や再就職探しを行っている部署だ。定年を迎える社員達の中には残りの期間にする仕事が何もないという者も多い。若い社員達が日々忙しく働く姿を見ながら自分には何一つ仕事が与えられないことは本人にも苦痛だし、部署の士気にも影響する。

それよりはむしろ同じような境遇の者を集めて今後の為に時間を使ってもらうのが良いだろうと数年前に設けられた部署だ。集められた社員達はそこで自由に過ごせる為、そこそこ快適な部署ではあるのだが、社内ではこれを〝オジ捨て山〟と陰口をたたくものもいる。

その60歳手前の社員だけが集まる仕事のない部署へまだ20代のマサトに行けという。仕事がないということは、昇給もなければ出世もない。キャリアアップなども全く望めない。若いマサトにとってこの異動は社員としての死を宣告されたに等しい。

「こ、こんなのリストラじゃない！」

マサトは大声を上げた。

「仕方ない」

相変わらず目を輝かせたレイカが言う。

「仕方ないって……」

マサトはそう呟くと崩れ落ちるように再び席に座った。

なぜ自分がこんな目に合うのか。マサトには全く思い当たる節がない……わけでもない。２週間ほど前、マサトは大きな失敗をしている。もっともマサト自身は自分に全く責任はないと思っているが、周囲はそのようには考えていない。

「まさか、あのことが原因で？」

尋ねるマサトにレイカが「よく知らない。……けど、多分」と答えた。

「でも、あれは僕が悪いわけじゃ」

「社長をあんなに怒らせた。異動なんて当然」

レイカの声はあくまでも冷静だ。しかし当初口元だけだった笑顔が徐々に大きくなり、いまや満面の笑みとなっている。

「そんなのひどい、ひどすぎる」

肩を落としながら、マサトはレイカを見上げた。

「う、薄羽さん……嬉しそうだね。なんで？」

尋ねるマサトにレイカが答える。

「人の苦しむ姿、悲鳴、泣き顔……大好き。ゾクゾクする」

「そういう人……だったよね」

マサトは大きなため息をつきながら、自分の犯した失態を思い出していた。

使うのは面白くても、作るのは難しい

事件はマサトがＤＸ室にやってきて1週間経ったある日から始まった。

その日、自席でＩＴに関するｅラーニングを受講していたマサトは、ミーティングコーナーに来るように豆田に言われた。

「どう？ＤＸ室はやっぱりつまらない？」

豆田は目の前に座るマサトを真っすぐに見ながら言った。ストレートな物言いを好む彼女らしい言い方だ。対するマサトは、その視線を避けるように目を伏せた。心の中では、やはり元の営業部への思いが断ち切れずにいる。

会社の仕事にＩＴが必須であることは分かる。マサト自身もこれまで、一日のうち半分以上はパソコンに向かって仕事をしてきたし、これがなければ物件や顧客の管理もセールスも全く成り立たないのは理解している。しかしマサトがこの会社に入ったのは人間である顧客と会話を弾ませながら商談を成立させていくことが楽しそうだと考えたからだ。新しい家で新しい生活を夢見る顧客の話を聞きながらその希望を具現化する中で感じる高揚感や喜びを共有することこそ、マサトがこの会社を選んだ最大の理由だった。

しかしＤＸ室にはそんな高揚感も喜びもない。室内のメンバーは皆、カチャカチャとパソコンに向かって作業をするだけで人との会話も極端に少ない。それにＩＴの仕事は社内の人間を陰から支える黒子であり、人事的な評価もされにくい。営業の売上額や受注額のような分かりやすい指標があれば、それを目指して努力もできるが、ＤＸ室は、ただ毎日、他者から頼まれた仕事に淡々と対応するだけで、張り合いというものがない。マサトはそう感じていた。

マサトはそんな思いを口に出したことはないが、長く管理職を務めている室長には、マサトの態度からモチベーションの低さが分かるのだろう。

「つまらないっていうか、僕はやっぱり営業がいいかなって。売上とか受注とか分かりやすい目標があって頑張りがいがあったっていうか……」

マサトの言葉に豆田が首を傾げた。

「アンタの営業成績って東京営業所で最低だったって聞いたけど？」

豆田の言葉には遠慮というものがない。

「そ、それはまあ……でも、まだ頑張ればなんとかなったような気がして。それに、やっぱりお客さんと直接話すのって楽しかったですから」

「人と話すのが好きなんだ」

豆田が小さく微笑んだ。

「家を買いたい人って、みんな嬉しそうに希望を話してくれるじゃないですか。あんな部屋が欲しい、キッチンはこうしたいって。そういう話を聞くのが楽しくて」

マサトの、少しだけ高くなる声を聴きながら豆田は「ふーん」と2、3回頷いた。

「やっぱりアンタ、ＤＸ室の仕事にまるっきり向いてないってわけでもないわね」

「えっ？」

豆田の意外な言葉にマサトが初めて顔を上げた。

「ＩＴの仕事に対する適性がゼロって訳じゃないってこと」

豆田はそう言うと自席から持ってきていたノートパソコンを開き、何やら操作を始めた。

「それってどういうことですか？僕は四角い画面より人と話していたいって言ったんですよ？」

マサトの声が一層高くなった。

「分かってるって。そういうところがここの仕事に向いてるって言ってるの」

豆田はマウスを操作しながら答えた。

「どうしてです？」

「それは、おいおいね。それよりさ、ちょっとこれ見てくれる？」

そう言うと豆田はパソコンのＷＥＢ画面をマサトに向けた。

〝住宅カウンセラー アスカ〟というタイトルの下に、所謂アニメ美少女がニコリとして立っている。ピンク色の髪が上下紺色のスーツという質素ないでたちとアンマッチだ。

「家の検索サービスですか？」

そう言いながらマサトは椅子の背もたれに体を預けた。正直こうしたものにはあまり興味が湧かない。パソコンがありきたりの質問をして顧客の回答に合わせて物件の候補を示すようなサービスなら今どきどこの会社でもやっているし、アサヒ住宅のサイトでも簡単な検索サービスならできる。それにキャラを付けただけならわざわざ紹介されなくても、どんなサービスであるかは想像できる。

「〝Ａ〟Ｉによる、〝す〟まい の 〝カ〟ウンセラー、で〝アスカ〟。ネーミングは微妙だけど機能は結構イケてる。アンタちょっと自分の家をＡＩに探してもらってみて」

「ここで、ですか？」

「アンタのデータは一通り入れてあるから、聞かれたことに答えていればいい」

「はあ」

マサトは促されるままに画面の少女に話しかけた。

「あ、あの」

何を話して良いのか分からないマサトにアスカがニコリと微笑んだ。

「お客様のお名前を伺ってよろしいですか？」

「あ、ああ。えっと、内田マサトって言います」

「会員番号１１３３５５の内田マサト様でよろしいでしょうか？」

アスカがアニメ特有の高い声で尋ねた。

「会員番号？」

マサトは視線を豆田に移した。

「これは事前登録してくれたお客さん向けのサービスだからね。これを使う人は皆、会員番号を持ってる」

豆田が答えた。

マサトがアスカに向かって「あ、はい」とだけ答えるとアスカが目を糸のように細めながら微笑んで言葉を続けた。

「内田様は、現在一人でお住まいですね。今回もお一人用の賃貸をお探しでしょうか？」

「いや、まあ、そうなんですけど」

確かにアスカはマサトの情報をインプットされているらしい。

「なるほど、基本的にはおひとりでも別の方がお泊まりにくることもある、そのように考えればよろしいでしょうか？」

マサトが再び豆田に視線を向けた。

「どういうことですか？ぼ、僕の家にミズキちゃ……いえあの、彼女が来ること、誰が教えたんですか？」

マサトの言葉に豆田は笑顔で首を振った。

「誰も教えてない。アンタの年齢とか家族構成、それに今住んでいる場所とかは事前に入れたけどそれ以上はね」

「じゃあどうして」

「アタシもよくは知らないけど、アンタくらいの男子なら彼女と同棲なんてケースも多いから聞いたんじゃない？あっそれと」

「それと？」

「アンタのネットでの買い物傾向もデータに入ってる。異性へのプレゼントとか買ってたり、食器や日用品を二つセットで買ってると同棲相手がいそうだって考えるのかも」

「買い物傾向？どこでそんな」

マサトは顔をしかめた。

「〝萬来〟よ」

萬来は国内最大級のインターネット通販サイトで、その品揃えは爪楊枝から自動車、生鮮食品や各種サービスまでと広い。アサヒ住宅はその法人会員となっており、社員達は会社経由でこのサイトの買い物をすると５％から15％程度の割引が受けられる。そしてアサヒ住宅に自分の情報を登録している会員顧客も、やはり萬来で買い物をすると各種の割引サービスなどが受けられることになっている。無論、データは自分の購入情報を社内のマーケティング分析に利用することを了承してくれた顧客のみのものではあるが、それでもその数は6万人分に上っていた。

「萬来への注文はウチのサーバーを経由して出されるから、みんながいつ、どんな買い物をしたってデータは全て残ってるってわけ」

「それで」

納得するマサトに豆田が「続けて」と言った。

マサトがアスカに「そんな感じでいいです」と答えると、アスカは、

「内田様、大江戸線の森下駅から徒歩10分の場所に築10年ほどの2ＬＤＫマンションがございますがいかがでしょうか?」

と提案をしてきた。

「えっもう?」

マサトはまだ自分の希望の地域や家賃などをアスカに教えてはいない。

「森下?いや、そんな場所考えてなかったなあ」

「森下は内田様のオフィスから約20分。通勤に負担はかかりませんし、周囲には安価な飲食店やスーパーもございます。また近くには深夜まで利用可能なスポーツジムもあります。家賃も内田様のご予算からみて、ご無理のない範囲かと存じますし、この間取りでしたら近い将来、お二人で本格的な生活を始められるときにも問題ないかと存じます」

「スポーツジムなんて」

　マサトが呟く。

「筋トレ系の買い物なんてしてない？」

　豆田はどこか自慢げに尋ねた。

「そういえば先月ダンベルを」

　マサトはモヤシのように細い体をしている。本人はそれを気にしてはいなかったが、恋人のミズキと腕を組んで歩いていたとき、彼女が発した「もう少したくましい腕だといいのにね」という言葉に発奮して萬来経由で買った。

「そんなことまで考えてマンションの提案をするんですか？」

「そう。ある意味、本人以上に本人の希望を理解して物件を紹介してくれる。そこが他のサイトの物件検索と違うところ」

　アスカはさらに数件の賃貸マンションを紹介してくれたが、それらはいずれもマサトが想定していなかった地域でありながら、マサトの生活や趣味嗜好を考慮した魅力的な物件ばかりだった。

「ふえー」

　マサトが言った。

「普通の営業なら、お客様に地域や間取りの希望を聞いて、その中から予算に合わせて物件を選ぶけど、これはアンタの生活全般を捉えて、本人すら気づかなかった場所を提案してくる。つまりお客さんの生活に新しい価値をもたらす提案をしてる」

「確かにすごいですね」

「デジタルの力でそれまで気づかれなかった価値を提供する。これがデジタル・トランスフォーメーション★ってわけ」

「は……い」

マサトは画面上のピンク色の髪の女の子を見つめている。

（お客さん以上にお客さんを理解して提案するなんて）

アスカから視線を離さないマサトを見て豆田がニっと笑った。

「そして、このＤＸを支えるのがデータとかプログラムとかのソフトウェア。どう？ＩＴっていうのも、なかなか面白そうじゃない？」

「ええ……まあ」

面白いか？と問われれば否定はできない。アスカに従って森下に住めば、会社帰りにジムに通い、気持ち良く夜を迎えられる。そんな自分では想像しなかった生活をＩＴが自分にもたらしてくれることになるのだ。しかしＩＴを使うのと、それを作るのは別問題だ。なんの知識も興味もないＩＴに向き合って喜びを感じる自分がマサトにはどうしても想像ができなかった。

「でね。このアスカのサービスは、６日後にまず、社員相手にプレオープンした後、次の日に一般公開をする。その準備を手伝って欲しい」

「大丈夫なんすか？ぼ、僕なんかで」

「アスカの主担当は若田だから彼の指示に従ってくれればいい。彼は、今日外出して直帰だから明日

★POINT　仕事や生活の在り方をデジタル技術を元に変革すること。あるいはデジタルがあればこその新しいビジネスや仕事のやり方を創出すること。

の朝にでも話を聞いてくれる?」

"肚をくくる"とは?

その日の夜、マサトは久しぶりにミズキと食事をした。新作ミュージカルの公演を間近に控えたミズキの劇団はここのところ毎日深夜まで稽古が続けられており、こうして二人で会えるのはマサトがDX室に異動になってから初めてのことだ。

「へぇ。AIってすごいね」

アスカの話を聞いたミズキは大きな目を輝かせた。

「そんな面白そうなモノ作るなんて楽しそうじゃない」

「別に僕が作ってるわけでもないよ。作るのはベンダーさんの役目で、僕らはどんなシステムが欲しいかを注文するのが仕事でさ」

マサトはテーブルの上に並んだジェノベーゼのパスタを口にすることもなく、ただ赤い格子柄のテーブルクロスを見つめたまま言った。

「どんなモノが欲しいとか皆で考えるのも楽しそうだけど?」

ミズキはそう言うと自分が注文したマルゲリータピザの最後のピースを平らげ、今度はマサトのジェノベーゼにもフォークを伸ばしている。

「実際の仕事はそんなワイワイ楽しくみんなで夢広げるなんて感じじゃないんだ。システムを使うことになる他の部署の人達から、あんなの作ってくれ、こんな機能が欲しい、今のシステム使い物にならないから直してくれって言われて対応するばかりで、自分で何か考えるって感じじゃないなあ」

「じゃあ、そっちの人の方が楽しいのかな?色々と自分の仕事を便利にできるんだから」

「彼らもそんなに楽しんでる風でもないな。所詮、コンピュータなんて文房具だって思ってるし、新しいボールペンを買う程度のもんなんじゃないかな」

事実、マサト自身も営業部時代にはITをそのように考えていた。便利なものには違いないし、システムが更新されれば少しは珍しがることもあったが、それ以上に心が動いたり、夢が広がるようなことはなかった。

「マー君」

ミズキの声のトーンが急に低くなった。

「ん?」

マサトが視線を上げると、そこにはミズキの少し怒ったような顔があった。

「今のままじゃ、マー君、同じところをグルグル回るだけになっちゃわない?」

ミズキの綺麗に通った鼻筋の下で赤い唇が少しだけ尖っている。

「グルグル?」

「アタシにはよく分からないけど、仕事がつまらなければ頑張れないし、頑張らなきゃつまらないまま。その繰り返しで歳だけ取っちゃうんじゃない?」

何も返事をできずにいると、ミズキは一層真剣な表情になって、「アタシはそういうマー君のこと、好きにはなれないな」と言った。

「ええっ！そ、それって、もう僕のことを嫌いになったってこと？」

マサトの声がそれまでの1．5倍ほどになった。

「そこまでは言ってないけど」

ミズキは言いかけたが、動揺したマサトにはミズキの続きの言葉を聞く余裕はなかった。

「やだ、嫌だよ。ミ、ミズキちゃんと別れるなんて」

「誰も、別れるなんて言ってないじゃない。ねえ、ちょっと、いいから私の話を聞いて」

「でも、でも」

マサトの両目の光が少し揺らぎだした。マサトは首を大きく振ってミズキの言葉を聞こうとはしない。その様子にたまりかねたミズキは、バンとテーブルを叩いた。

「いいから聞け、マサト！」

店中に響くミズキの声に、店の客達が二人の座るテーブルに視線を向けた。ミズキはそんなことを気にせず、一度息を大きく吐いてから再び声を低くして話し出した。

「マー君、今度の舞台で私がやる役知ってる？」

「……知らない」

マサトは鼻声になっている。

「木……」

「えっ？」

「アタシ、次の舞台でやるのは木の役なの。セリフがないどころか人間ですらない」

「なんで？だってミズキちゃん、この前の舞台じゃ沢山セリフあったじゃない」

「正直アタシもショックだった。芝居の間中ただ立ちっぱなし。声を出すのはラストシーンのコーラスだけ。しかも、茶色の変な被り物で体を揺らしながらなんて、恥ずかしくて誰にも見てほしくないって思った」

「それでもやるの？」

マサトの問いにミズキは大きく頷いた。

「やるよ。ここで断ったら劇団にいられなくなるかもしれないし」

「辛くない？」

「辛いよ。だから気持ちを切り替えることにした」

ミズキの唇が真一文字に結ばれた。

「気持ちを？」

「そう。なんで木の役が辛いのか。それは前の舞台でもっとマシな役をやっていたのにって気持ちや、アタシだって自分の前で歌う主役みたいにやりたいって気持ちがあるからだって思って。そういうの、みんな捨てることにしたの。前のこととか先のこととか夢とか、周りと比べてどうとか。他人からどう見えるとか、そういう思いをね。自分の世界はこの変てこりんな木の被り物の中にしかない。そう自分に言いきかせたの」

「そんな切り替えなんてできるの？」

「だって、やらなきゃ苦しいばかりだもん。それに、たとえ木でも、私一人がやる気出さずにいい加減な芝居してたら皆が一生懸命に作る舞台全部が台無しになっちゃう。だから無理やりにでも木になりきるしかない。そう思うことにした」

「それで、やる気でたの？」

マサトの問いにミズキは首を少し傾けた。

「モヤモヤが全部消えたってことはないかな。でも、とにかく辛さは薄らいだ。やる気も出たっていうか、やる気を引きずり出したって感じかな」

「やる気を引きずり出す……」

マサトは、そのとき急にミズキが大人びて見えた。

「ここでグズグズ拗ねてたって、アタシを含めて誰も幸せにならないじゃない。だったら、少しはマシな気持ちになるようにバカみたいに前向きになることにしたの。木ってどんな風に踊るんだろう、どんな顔をしてれば植物っぽいんだろうって考えてそれ以外のことは一切考えない。おかげで、なんとか来週の舞台が少しだけ楽しめるような気がしてきた」

「ミズキちゃん、すごいね……大人だ」

マサトは口を半開きにしてそう言った。

「だからマー君も肚《はら》をくくった方がいいんじゃない？」

「お腹を？」

「営業部がどうとか、やりがいが……とか言ってないで、とにかくDXだっけ？それのことだけ考えた方がいいんじゃないかな。嫌でもなんでも、やらなきゃいけないことはやらなきゃいけないんだから。会社を辞めるとかなんとかは、やるだけやってからでいいじゃない」

ミズキの声は、いつの間にか普段の明るさを取り戻していた。

食事が終わると、ミズキは稽古場に戻っていった。他のことをしているより稽古に没頭している方が余計なことを考えずに済むのだそうだ。

〝自分は悪くないのに〟って、そんなこともあります

「あの、若田さん。僕は何をすれば……」

翌朝、マサトは席でスマホをいじっている若田ナオミチに自分から声を掛けた。マサトはまだ、昨晩のミズキが言うような〝肚をくくる〟までの思いには至っていない。どうしてもITに対する後ろ向きな思いを拭えずにいる。ただ、〝自分が拗ねていても誰も幸せにならない〟という言葉だけは彼の胸に強く残り、形だけでも積極的になろうと考えたのだ。

「ああ、マサト君。手伝ってくれるんだって？助かるなあ」

若田はそう言うとニコリと微笑んだ。その拍子に除いた歯の白さが細面で、やや浅黒い顔の中に際

立っている。

若田はＤＸ室発足当初からのメンバーだ。先日行われた歓迎会でマサトよりも7、8歳上といっていたから35、6歳ということになる。

彼が素晴らしい光沢のスーツに身を包んでいるのは今日が特別な日だからではない。若田は日本最大手の家電量販店、ワカタ電機の創業者の長男、つまり生粋の〝おぼっちゃま〟で、アサヒ住宅にも所謂コネ入社だった。

「うーん、まあ、電話番かな？」

と若田は言った。

「電話番？アスカって今、オープン直前の大変な時期なんじゃないんですか？」

マサトの問いに若田が腕組みをした。

「まあねえ。今は最終テスト段階で本当ならもっと沢山、不具合が出ると思ってたんだけど、今回のベンダーさんは優秀だねえ。そういう問題が全然起きてないみたいなんだよ。あっ座って、座って」

若田はそれまでいじっていたスマホを机の上に置くと、自分の隣の席のイスを引き寄せてマサトを座らせた。

「本当に全然問題ないんですか？」

マサトは尋ねた。**新しいシステムというものには必ずと言ってよいほどプログラミングミスなどの不良が隠れており、特にユーザーが動作を確かめる受入テスト段階では、それが数多く検出されるこ**とを、昨日まで行っていたeラーニングでマサトも学んでいた。

若田は再びスマホをいじり始めながら答えた。

「そうだねえ。ベンダーさんの報告だと画面に出すメッセージの誤字脱字とか、そんなのはあるけど全体としては問題ないって。僕もねえ、さぞ色々出るだろうと思って身構えてたんだけど、拍子抜けしちゃったよ」

「若田さん、自分ではアスカを操作してないんですか?」

マサトが尋ねた。本来、受入テストというのはユーザーが直接システムを操作して、自分達の望んだものができているかを確かめる。これもeラーニングで習ったことだ。

「一応、触ったよ。自分の物件を探してみたりしてね。でも僕程度のスキルじゃあ、それが精いっぱい。本当に問題がないことはベンダーさんに確認してもらって、その結果報告を聞くしかないじゃない」

「はあ」

マサトの心の中には、なにか割り切れないものが残っていた。しかし少なくとも自分よりも経験があるはずの若田がそう言うのであれば、それを信じるしかない。

若田は、そんなマサトの心の動きなど気に留めることもなく言った。

「でさ、このアスカって、5日後に社員にだけ向けたプレオープンじゃない。で、初日には社員のみんなが色々質問してくると思うんだよ」

「その為の電話番ですか?」

「うん。本当ならね、僕がいなきゃいけないんだけど、その日、僕、福岡に行かなきゃいけなくてさ」

「えっ？ 若田さん、いないんですか？ そ、そんな僕だけじゃ無理ですよ」

マサトの声が裏返った。

「大丈夫だって。電話が来たら、そのままベンダーさんにつなげばいいんだから。それにほとんどの質問はメールとかメッセンジャーで来るはずで、そういうのは直接ベンダーさんに届く。君が受けるのは、たまたま電話で聞いてくる少数派だけさ」

若田の言葉は、あくまでも優しく流暢だ。さわやかと言っても良い。だが、その話し方が巧みであればあるほど、マサトには不安が募った。

「ほ、本当に大丈夫なんですか？」

「大丈夫、大丈夫。心配ないって。じゃ、そういうことだから」

若田はそう言うと、それまでいじっていたスマホをスーツの内ポケットにしまい、「さて、出張の手配も済んだし、ベンダーさんに準備の様子でも聞きに行こうかな」と言うと部屋を出て行ってしまった。マサトは釈然としない思いを胸に、その背中を見送るしかなかった。

＊

それから5日経った日の朝9時、アスカは社員向けにオープンした。マサトは前日若田に教わった手順に従い、アスカへのアクセス状況をリアルタイムで伝えるグラフを自分のパソコンで見ていた。

開始から30分、アスカへのログイン数はすでに500を超えている。

（皆、アスカを面白がってるかな？ 自分の家を見つけて喜んでる人もいるのかな？）

マサトがそんなことを考えながらパソコンを眺めていた頃、別のフロアにある企画課では一人の女子社員が眉をひそめていた。

「ねえ、ちょっとこれ何？」

女子社員は隣の席に座る同僚に声を掛けた。

「どうしたの？」

「アタシ今、ちょっと引っ越そうと思ってて、このアスカってサービスに聞いたらさ、なんか画面の下の方に、萬来で買ったり検索したりしたモノのリストがバーって出ちゃってる」

「えっ？アタシもさっきアクセスしたけど、そんなの出てた？」

声を掛けられた同僚は怪訝な顔をした。

「パッと見た目は分からないけど、下の方にスクロールすると出てくるんだよ」

女子社員と同僚が見つめる画面には、萬来の会員ＩＤと社員名と住所、電話番号やメールアドレスに加えて、購入した商品名とその詳細情報が何行も表示されている。

「アスカって確か萬来のデータも参考にするって聞いたから、それじゃない？」

同僚は言ったが、女子社員の顔は晴れない。

「でもこれ、アタシのデータじゃないものも入ってるよ？」

「えっ？」

同僚が女子社員の画面を除くと、確かに、そこには彼女達の知らない、何人もの購入履歴が数百行にも渡って並んでいる。

「ああ、本当だ。へえ、社内中の人の買い物が見られるなんて面白いねえ」

笑う同僚に女子社員は言った。

「何言ってんのよ。ここで他人のデータを見られるってことは、アタシのデータも皆に見られてるってことじゃない。アタシ、下着とかも買ってるんだよ？」

「えっ？それアタシも……ちょっと、やだあ！」

他人の購入情報が表示されるという現象は、社内のあちこちで確認され、ＤＸ室には問い合わせが殺到した。

「いや、ですから……あの、申し訳ありません。す、すぐになんとかしますから」

マサトはここ数十分で数十件の電話に出て、同じような言葉を繰り返していた。あまりの電話の多さに、その他のＤＸ室メンバーもほぼ全員が分担して電話に出てクレーム対応をした。無論、福岡に行ってしまった若田を除いてである。豆田は事件の発覚後、すぐにベンダーに依頼してアスカの稼働を停止させたが、それでもクレームの電話は鳴りやまない。いつもは静かなＤＸ室が、この日は鳴り続ける電話とメンバー達の謝罪の言葉で騒然となった。

「皆さん、すみません。すみません」

電話が途切れたわずかな時間にマサトは室内を歩き回りながらメンバー達に謝罪をした。しかしメンバー達は、異口同音に、早く席に戻って応対を続けるようにと言うばかりだった。

＊

問題が発覚してから1時間後の午前11時に豆田は社長室に呼び出された。電話をかけてきた社長秘書から、社長は直接の担当者も連れてくるように命じているとのことでマサトも一緒に社長室へ行くこととなった。


「一体これはどういうことだ。豆田君」

豆田とマサトが社長室に入るなり、社長の朝日泰平の声が室内に響き渡った。彼の意志の強さを表すような太い眉毛が右側だけ吊り上がっている。

「まことに申し訳ございません」

豆田が腰を90度曲げて頭を下げた。マサトもそれにつられるように頭を下げた。

社長室には創業時から朝日をサポートしつづける江守専務も来ていた。江守は朝日の大学時代からの友人でもある。朝日は本当に困ったときにはいつも彼女を呼んで相談することにしている。

「他人の個人情報や買い物データが丸見えになっちゃうって、なんでそんなことが起きちゃうの？」

江守の言葉にはその場限りの言い訳など許さない迫力があった。だが豆田はその迫力に臆することなく頭を上げ、視線を江守に向けながら「原因自体はシンプルです」と言った。

「シンプル？」

江守が問い返した。朝日は分厚い唇をへの字にしたまま、豆田とその隣に立つ青白い顔のマサトを順に見つめている。

「今回、社員に公開したプログラムがテスト用のものだったということです。ご存じの通りアスカはお客様に物件を紹介する上で、お客様ご本人の情報はもちろん、弊社サイトに登録いただき、萬来で買い物をされている他の会員の方の情報を参考にします」

「所謂購入データね？」

江守が尋ねた。

「はい。お客様となんらかの共通点があったり、似通ったプロフィールの方、同じような場所に住んでいる方などのデータです」

「それで？」

朝日が少し落ち着きを取り戻した声で言った。

「アスカのテストをベンダーが行う際には、その判断の妥当性を確認できるように、参考にしたデータを敢えて、画面下部に表示することにしていたそうです。無論、本番用プログラムはそんな表示をしない仕組みになっておりますが、今回は、ベンダーが誤ってテスト用プログラムをサーバーに置いてしまったようです。私共のチェックに漏れがございました。まことに申し訳ありません」

豆田はそこまで言うと、もう一度深々と頭を下げ、マサトもそれに倣った。

「分かった」

朝日の目の怒りの色は少しだけ薄らいだが、その険しい目つきは変わらない。

「で、この後どうする。アスカの一般向けオープンは明日だぞ？」

朝日はそういうと視線をマサトに移した。一代で社員数1万人を誇る大企業を作り上げた創業者の迫力に満ちた二つの目がマサトを見つめている。

「あの……」

朝日の視線に気圧されたマサトはつい口を開いてしまった。朝日と江守それに豆田の視線が一斉にマサトに向けられた。

「何？言ってごらん」

江守が促した。

「いえ、あの……テストプログラムを本番用に差し替える作業でしたら15分程度で終わると……ベンダーの人が言ってました。それなら明日は大丈夫かと……その……思いまして」

「ふむ」

朝日が小さく頷いた。マサトの頭と背中からは汗が噴き出していた。

「でも」

江守が言った。

「本番用って言ったって、ただ見えないだけで画面のすぐ裏には山のような個人情報や購入データが仕込まれてるってことよね。それってまずくない？」

その言葉に朝日の眉毛が一層吊り上がった。

「悪意のハッカーがその気になればデータを盗むことも可能だと？」

それを聞いた江守も「どうなの？」と追い打ちをかけた。二人の視線がマサトに注がれている。

「いや……あの……」

もちろん、マサトにはそんな質問に答える知識も度胸もない。喉に綿を詰め込まれたように何も言えずにただ口をパクパクとさせるだけだった。その様子に朝日はそれまでで最も大きな声を発して立ち上がった。

「君は担当者なんだろう！それをどうするつもりだと聞いておる！」

立ち上がった勢いで大きな腹の肉が揺れる。

「あ、あわわ……」

マサトは、その場にへたりこみそうになるのを必死にこらえるのみで、何も返答ができずにいた。

そこに江守がさらに言う。

「なんで、そんな弱い作りなの？不動産を買おうなんて人の個人情報や購買データなら、それ自体高く売れる〝美味しい〟情報じゃない。お客様に大迷惑をかけるし、うちの会社の信用もガタ落ち。どうすんのよ！」

江守の空気を裂くような言葉に両足の膝が力を失い、マサトがその場に崩れ落ちようとするのを、豆田が肘をつかんで支えた。

ＩＴ開発だってチームワーク

社長室から戻った豆田は出張中の若田と連絡をとり対策ミーティングを開いた。マサトは豆田と共にミーティングコーナーに入り、若田はオンラインで参加する。会議にはもう一人、ＤＸ室で最もＩＴスキルの高い日暮が参加した。当然、彼は今日もオンライン参加だ。

「アスカって、萬来の購買データを直接読み込む仕組みだったんですね。知らなかった……」

日暮のくぐもったような声がスピーカー越しに響いた。彼はアスカの開発を担当してはおらず、システムの詳細を知らない。

「そうらしい」

そう答える豆田も、やはりＤＸ室にやってきたのは3か月ほど前だ。彼女が室長になったとき、既にアスカはテスト段階にあり、ＤＸ室メンバーがユーザーとして設計を確認する工程は済んでいた。つまり、この中でアスカの設計を知っているべき人間は、今、オンラインミーティングの画面で朗らかな笑顔を浮かべる若田だけということになる。

「僕も知らなかったなあ」

若田の呑気な言葉に豆田が噛みついた。

「アンタ、そんなこと言える立場？　設計書のレビュー、ちゃんとしたの？」

その刺すような声にも若田の柔和な笑顔は微動だにしなかった。

「いやあ、設計を確認したのは僕じゃなかったですから」

設計時、ＤＸ室では若田以外にＩＴスキルを持つ二人の担当者がいた。彼らはベンダーの提案書や要件定義書、および設計書のチェックを行っていたが、二人とも、この春先に別の会社に移ってしまった。

「……ったく」

豆田は、呑気な若田をこれ以上追及しても仕方ないと首を小さく2、3度振った。無駄な議論は元々嫌いな性質である。

「それで、えっと……どうすることに？」

日暮の言葉が途切れ途切れなのは通信状態のせいなのか、本人がどもっているのかマサトには分からなかった。

「会員の購買データを書き換えることになった」

豆田が低い声で言った。

「書き換える？」

日暮が尋ねる。

「社長は、とにかく顧客の購買情報がインターネットからアクセスできる場所にあるのはまずいって言ってる。だからアスカが分析をするのに最低限、必要なデータ以外はデタラメに書き換えろって」

豆田が答えた。

「そ、そんなことしなくても、アスカは本来、ち、ちゃんとしたセキュリティを組み込んでるんですよね？データは暗号化して、ファイアウォールも噛ませて、ゼロトラスト★にも対応してるって……」

日暮の言葉に豆田は首を振った。

「もう最後は、〝とにかく銅線が繋がってるんだから何をされるか分からん！〟なんて話になっちゃってね。絶対に書き換えろって。だから購買情報のうち、まず氏名は削除。ＩＤだけでなんとかなるからね。電話番号とメールアドレスも分析には使わないから削除」

「一気に消しちゃうだけなら簡単だねえ。ちょっとコマンド打てばいいんですもんね」

若田が言った。その明るい調子に豆田は何か言いかけたが、開きかけた口からふうっと息を吐いてから口を閉じた。その代わりに日暮が発言する。

「何を買ったかっていう情報自体は必要……ですよね。そ、それに年齢と性別はそのまま残しておかないと。アスカを使うお客さんと似たような人を探すのに必要……問題は住所……」

「そう」

豆田が頷く。

「住所も消しちゃいけないんですか？」

今度はマサトが質問をした。

「アスカはね、お客さんの現住所も分析の材料にしてる。今、徒歩５分でスーパーに行けるお客さんに、20分かかる場所の物件を紹介なんてしないようにね」

豆田が答えると日暮が続けた。

★POINT 従来の基本的に組織内の通信は信用し、組織外からの通信を警戒するというセキュリティと異なり、内外の通信やデータ全てを警戒するという考えのセキュリティ対策群。

「でも、本物の住所を残しておいたら……やっぱりマズイですよね。高額な買い物をするお年寄りが住んでる場所が特定できると犯罪者に狙われそうですし、わ、若い女性なんかも危ない」

「そういうこと」

豆田が頷く。

「住所は必要だけど危険って……。じゃあ、どうするんですか？」

マサトの問いに豆田が答える。

「正確性は落ちるけど、住所のうち地番だけを書き換えることにした。〝千代田区霞が関3―1―1〟って住所のうち、最後の〝1―1〟って部分だけを変えるの。それだったら、まあまあの答えを出せるはず」

「なるほど」マサトが頷くと、スピーカーから若田の明るい声が響いた。

「簡単じゃないですかあ。地番の数字に全部1を足しちゃえばいい。1―1なら2―2、5―2なら6―3とか。そんなプログラムなら日暮君が〝ちょちょいっ〟って作れるよね？」

「そ、そりゃ作れますけど、た、足し算した結果が実際にない住所だったら、マ……マズイんじゃ……ないですか？」

日暮に豆田が同意した。

「そう。実際にない住所だとアスカはトラブルを起こす。だから、実際に存在するデータに書き換える必要がある。これを自動で書き換えるプログラムをベンダーに作らせるとどんなに急いでも2週間はかかるらしいわ」

「じゃあ、アスカの一般公開は2週間後に延期ですか?」

マサトの問いに豆田は首を振った。

「明日のオープンは必須だって社長も言ってたでしょ?」

「でも……」

「書き換えプログラムの修正までは萬来データの新規取り込みはしないけど、今ある購買データはことごとく修正する必要があるってこと」

豆田の言葉にマサトの顔から血の気が引いた。

「それって、もしかして僕らが?」

「そう」

豆田の冷たい言葉がマサトの胸に突き刺さった。ミーティングコーナーを仕切る高さ130cmほどのパーティションの向こうでは、立ち聞きしていた薄羽レイカが目を輝かせている。

「アンタと若田がやる。対象データはざっと10万件」

「じゅっ……10万……それを……1件ずつ書き換えって、そんなの無理に決まってるじゃないですかあ」

マサトが叫んだ。

「とにかく、やるしかないのよ。日暮、アンタ彼らの作業効率があがるツール、なんか考えられる?」

「何ができるか……まあ、か、考えます」

日暮が答えた。

「それと若田！」

豆田の声が一段鋭くなった。

「ハイハイ」

これだけ膨大な作業にも若田には緊張感が生まれることはない。

「とにかく帰ってこい」

豆田が叫んだ。

「飛行機とれますかねえ」

首をかしげる若田に「這ってでも来い！」と叫んだのはマサトだった。

＊

午後一時。作業が始まった。日暮は豆田に頼まれたプログラム作りを始めており、豆田は社内への謝罪と事情説明に追われている。若田はいつ戻れるか分からないということでデータの書き換えはマサト一人で始まった。

マサトは豆田がダウンロードした萬来の購買データのエクセルファイルに記載された住所を１件ずつ手で書き換えていった。

「えっと、世田谷区赤堤３丁目１−１を２−２にして……こっちは横浜市泉区和泉町１０６１……じゃあ１０６２かな？あっでも、こんな住所ないや……」

マサトは、やはり豆田が用意してくれた専用の住所データベースを使って自分の書き換えた住所が実在するものかどうかを確認しながら作業を進めている。しかし平均すると1件の書き換えに30秒かかる今のペースでは、到底10万件のデータ修正など間に合う訳もない。若田は帰ってくるのか分からない。周囲のメンバーも皆、各々の作業に没頭していてマサトが助けを求められそうな人間はいない。

作業開始から4時間経った午後5時、ひたすらデータを打ち続けた指先がヒリヒリと痛み始め、肩と背中が鉄板のように固くなった。先ほどから目の焦点も合いづらくなり、マサトはきつく目を閉じては開くということを何度となく繰り返していた。

「だあ、もうやだ！」

マサトは椅子の背もたれに思い切り体を預けて天井を向いた。ここまでに書き換えが終わったデータの数は約５００件。全体の０・５％に過ぎない。

「できるわけない！こんなの無理に決まってる」

（ＤＸ室なんて、ＩＴなんて嫌だ。しんどいばっかりじゃないか。お客さんの笑顔も感謝もない、やりがいもない仕事なんて、やってられない）

データの書き換えをするマサトの目がうっすらと曇り始めた。すると背後から「マサト……」と言う冷ややかな声が聞こえた。

「ひっ！」

マサトは心臓をつかまれたような感覚に襲われて声を上げた。背後で獲物を見つけた蛇のような顔をした薄羽レイカが目を輝かせている。

「ちょっと見せて……」

レイカはそう言うとマサトの肩越しにパソコンの画面を覗き込んだ。レイカが体を寄せると、その分だけマサトの背中には寒気が増した。

「1件ずつ書き換えてる……バカみたい」

レイカは呟くような声でそう言うと、椅子からマサトを追い出し、代わりに自分が座ってパソコンを操作し始めた。マサトにはよく分からないが、エクセル上のデータを自動的に変換したり計算したりする〝関数〟というものを作っているらしい。

やがてレイカがペタっとエンターキーを押すと、地番が次々と書き換えられていく。ものの十数秒で10万件のデータ全てが書き換えられ画面は止まった。

「なっ！」

マサトは驚きで、一瞬息をすることも忘れた。

「全ての住所を書き換えた。あとはこの住所が実在するかを一気に調べた方が早い」

そう言うと、レイカはすっと立ち上がった。

「う、薄羽さん、こんなことできるんですか？」

立ち去ろうとするレイカの背中にマサトが尋ねた。

「元システムエンジニア……」

レイカは振り向くことなく言った。

「す、すごいですね。でも、感激です。手伝ってくれるなんて」

それまでマサトの下瞼にとどまっていた熱い何かが、ついに頬を伝って落ち始めた。するとレイカがくるりと振り返った。光の加減か、大きく見開かれた目が金色に見える。レイカはニっと笑うと、

「若田に頼まれた。これから10日間、若田は私のシモベになる」

「若田さんが？」

マサトは自分の体の前半分が若田への感謝で暖かくなり、後ろ半分がレイカの顔から覚える寒気で冷たくなるのを感じた。


それから間もなく、日暮からメッセンジャーで連絡が入った。書き換えた住所データが実在するものかどうかを確認し、実在しないものだけを抜き出すプログラムが完成したとのことだ。マサトは日暮の作った手順書に従い、今レイカが直してくれたデータをプログラムに読み込ませると、書き換え対象となる住所が5千件ほど抽出された。まだ手で修正するには膨大な量ではあるが、それでも当初の修正対象の20分の1に減ったことになる。

（やった！これならなんとか……）

とマサトは思った。すると今度は、背後から「おい」と言う野太い男の声が聞こえた。ＤＸ室で最年長の小久保力也が立っている。

「手が空いたから、手伝ってやらあ」

小久保はそう言うと40男らしく丸く出っ張った腹を摩った。見ると、その後ろには他にも2名のメンバーが立っている。

「若田がなあ、今度飯おごるからって頼んできた」

小久保はそう言うと他二人と共にマサトからエクセルファイルのコピーを受け取り、隣の席でデータの書き換えを始めた。残り５千件あったデータは、その数を徐々に減らしていった。

「しかし、お前も大変だよなあ。こんな訳の分からん部署に来て、いきなりこんな仕事」

小久保が作業を続けながらマサトに話しかけた。

「俺もさ。野球部辞めてから色々と部署を転々としたけど、ここにだけは馴染めないって最初は思ったさ」

小久保は朝日住宅の持つ社会人野球チームの元選手だ。大学を卒業後、野球をする為だけに入社をしたが、引退後もそのまま朝日住宅に残って一般の仕事に就いている。

「やっぱり、ここは難しい職場ですか？」

尋ねるマサトに小久保は答えた。

「最初はなあ、こんなＩＴの仕事なんて分かんないって思ったよ。だけどなあ、やっぱり楽しいこともあるって思うようになった」

「どこがです？」

「チームワークかなあ」

意外な言葉にマサトは思わず小久保の横顔を見た。皆が一人一人黙々とパソコンに向かうだけのこの部署のどこにチームワークがあるのだろうか。

「お前はまだ、そういう仕事してないけど、新しいシステムの企画をするときなんか、結構ワイワイ盛り上がるぜ、こんなシステムあったら面白そう、皆が喜ぶかもってな。酒なんか飲みながら」

〝皆が喜ぶ〟その言葉がマサトの心に響いた。

「そうなんですか……」

「それにさ、こうやって今、お前の作業手伝ってるだろ？ これも悪くない気分だ。困ってる人を助けてるって感じでな」

人を助けることで自分の気持ちも上がる。そのことはマサトにも理解できた。

「それは、そうかもしれないですね」

「**ＩＴってのは、こうやっていつも誰かが苦労するけど、その分助け合い精神が生まれて、なんかこう充実感がある**……時もある」

「た、助けてもらう方もうれしいです」

「そうだろ？ 助ける方も助けられる方も、なんか心が温まる。ＩＴは大変な作業が多い分、そういうチームワークも実はできやすいんだと思う。パっと見た目は分からないけどな。ＩＴやってるやつに残業が多いのは、もちろん、仕事が多すぎるのもあるけど、みんなでワイワイ盛り上がったり、助け合ったりしていつの間にか夜遅くなっちまうってのもあるんじゃないかな」

小久保の言葉にマサトは、初めて、今やっている作業へのモチベーションが高まった気がした。

（皆がこれだけ手伝ってくれている。僕だって頑張らなきゃ）

1件、また1件と作業を進めるうちに、先ほどまで心の中にあった退職の意思も消し飛んでいた。とにかく、目の前のことを少しでも進める、それだけだ。ＩＴに馴染めない心も、営業部への思いもなくなったわけではない。ただ、今はそんなことより、この仕事を完成させることだ。皆がこんなに手伝ってくれているのに、余計なことを考えている場合じゃない。そんな思いがマサトの心を徐々に支配していった。

あなたは本当にＩＴに向いてないですか？

時刻は夜の12時を回り、残りの件数は１２００件にまで減っていた。手伝ってくれたメンバーは終電に間に合うようにと既に引き上げていき、深夜1時には再びマサト一人の作業となった。

（よし、もう少しだ）

マサトが手を休めて伸びをしていたとき、突然、部屋の扉が開いた。

「いやあ。どうしても飛行機がとれなくてねえ。博多から新幹線で来ちゃった」

現れた若田は、いつも通りの笑顔だったが、その息は弾み、いつもは全く乱れのない前髪が崩れて眉毛にかかっていた。そこからは二人での作業となり、午前4時過ぎ、全てのデータ書き換えが完了した。

「すまなかったねえ」

作業を終えて大きな欠伸をしながら若田が言った。

「いえ、仕事ですから」

マサトが答えた。激しい眠気に襲われてはいたが、心は大きな達成感に満たされている。

「ＤＸに来て早々、こんな仕事じゃあ、やっぱり嫌になっちゃった？」

若田が机に突っ伏したまま尋ねた。

「……」

マサトが何も答えずにいると、若田は「でもねえ」と続けた。

「豆田さんがね。言ってたよ。マサト君はＩＴのことなんて、きっと分かるようにならないかもしれないけど、人の喜ぶ顔を求める気持ちがあるってね」

〝アンタ、ＤＸ室の仕事にまるっきり向いてないってわけでもないわね〟マサトは数日前に豆田から言われた言葉を思い出した。

「ＩＴとかＤＸって、結局コンピュータがどう動くかじゃなく、使う人がどう喜ぶかだからね。だけど、それを理解していないＩＴ技術者は意外と多い。だからマサト君みたいに人の喜ぶ顔が好きって人が必要だって。僕もそう思うな」

若田はそう言いながら、また一つ大きな欠伸をした。

「でも、やっぱり好きにはなりませんけどね。ＩＴなんて」

そういうマサトに若田は「いいんじゃない？」と言った。

「人生は長いんだから、好きでもない仕事をやる時期があっても。むしろ、好きじゃないことって、自分が興味のないことだから、知らないことも多い。つまり、好きなことやってるより、知識が広がるし人間の幅も広がる。そういうことの方が後々、役に立つしね」

「そういうもんですかねえ」

「肚くくったらいいんじゃないかな。向いてる部分もあるんだし。営業だったらどうだとか、将来がどうなるとか、そんなのは、後で考えるとして、とりあえずここでの仕事が世界の全てだと思っていればいいいんじゃない？」

「少し……考えてみます」

マサトは、この時初めて、ミズキが木の役に没頭しようとする気持ちが分かったような気がした。

翌日、アスカは無事にオープンを迎え、数多くのアクセスを獲得しながら順調な滑り出しを見せた。

とにかくやってみよう。好きになるのは後からでいい

（あれが、失敗ってことになるのかな？）

レイカに手渡された異動願を手にアスカの稼働までの顛末を回想していたマサトの心には、改めてこの異動への抵抗感が湧き出していた。確かに社長は怒っていたが、結果的にアスカの稼働は成功し

たし、この騒動の責任はそもそも自分にはない。いや、そんなことよりも、何かよくは分からないが、この部署を離れることについてのモヤモヤ感が頭の中から離れないのだ。今、ここで逃げるわけにはいかない。

マサトは、突然席を立つと、電話をかけている豆田の席に向かった。

「室長！」

突然声をかけたマサトに豆田は電話を切りながら「何？」と言った。

「ぼ、僕、こんなの嫌です」

どもりながら話すマサトを見ながら豆田は一つため息をついた。

「異動のこと？業務支援部のことなら心配ない。今、他の部署に空きがないから、とりあえず数か月そこにいてもらって、その間にアンタに合う部署を人事が探すことにしてる」

「ぎょっ業務支援部が嫌とかそういうんじゃないです」

マサトは豆田の言葉にかぶせるように言った。

「……ここにいたいっていうこと？」

マサトとは反対に豆田の声は一段低くなった。

「よく……分からないです。でも、でも、なんか……」

「なんか？」

「ＩＴとかＤＸとかそんなの全然好きじゃないです。でも、とにかく、このまま放り出して逃げるみたいなのは、嫌なんです」

「好きじゃない仕事してても、時間の無駄なんじゃない？」

豆田の言葉はあくまでも冷たい。

「でも、な、なんか。もしかしたら何か得られるものがあるのかも、ＤＸ室にいても何かやれるんじゃないかって、そんな風に思えたんです。あの、徹夜した夜に」

「アンタに何ができるの？四六時中、逃げたい逃げたい思ってるやつに」

豆田が突き放すように言った。

「何がって……」

「なんにもできない、やる気のない人にいてもらってもね」

豆田はそういうと椅子から腰を浮かしかけたが、それよりもマサトが立ち上がって声を上げる方が早かった。

「分かんないです。自分に何ができるかなんて、だから……だから探させてください。分かんないですけど、何かありそうなんです。ド文系の自分でも、いや、あのＩＴのこと知らない自分だからこそ、やれそうな何かが、ここにはあるような気がして」

「そんなの、徹夜して頑張って少し興奮してるだけじゃないの？」

豆田も立ち上がる。

「興奮してるかもしれないです。でも、それだったら、ずっと興奮してれば、きっと、自分のできる何かが見つけられる気がするんです」

豆田は何も言わずにマサトが言葉を続けるのを待った。

「自分の仕事は、ここしかないと肚をくくれば、きっと何かが分かる気がするんです」

マサトの言葉に、豆田は立ったまましばらくマサトの顔を見つめた。マサトも真っすぐに豆田を見つめ返している。その目には確かに迷いはない。

「……そんなにムキにならないでも」

豆田は言うと、ため息を一つついてから続けた。

「まっ、なんにしても逃げたくないって気持ちだけは大事かもね。会社員やってれば、ときには他のことを考えずに、ムキになって進む時期も必要。アンタが、そんな気になってるなら、その気持ちをくじくわけにもいかないね」

結局、異動は取り消しとなった。その様子をパーティションの近くの席で聞いていた薄羽レイカは「ちっ」と小さく舌打ちをした。

＊

社長室で一人、アスカを眺める朝日泰平のスマートフォンが鳴った。発信者に〝ミズキ〟と表示されているのを見て、朝日はスマートフォンを耳にあてた。

「誕生日のプレゼントありがとう。でも私、こんな高いバッグ使わないよ?」

ミズキが少し醒めた声で言った。

「き、気に入らんか？」

「そんなことはないけど……」

「ま、まあ私が贈りたくて贈っただけだ。使おうと使うまいと構わん」

朝日の方はミズキと対照的に少し上気したような声で続けた。

「あっ、それとな……」

朝日が続けた。

「ミズキの気にしていた……なんだっけ、内田……君か。彼には一つ気合を入れておいたから」

「本当？……で、うまくいったの？」

「ああ。私が怒って異動に仕向けたら、逆切れしてＤＸ室で頑張るとか言ったそうだ。ＤＸ室長もうまいこと彼をコントロールしたらしい」

「良かった」

ミズキの安心したような声に朝日は眉をひそめた。

「それはいいが、なぜ、そんなに彼のことを気にする？　まさか……」

「さあ、どうでしょ」

ミズキの声が少し硬くなった。

「アタシのこと、いつまでもちゃんとしてくれないなら、黙ってどっかにいっちゃうかも」

「お、おいおい。冗談でもそんなことを言わんでくれ」

「だったら、どうにかしてくれる？　〝あの〟奥さんにちゃんと話してくれる？」

「あの奥さんって、そんな言い方はな……」

「だって他に、どう言えばいいの」

徐々に強くなるミズキの声に朝日は黙り込むしかなかった。

「まっ、いいわ。そのことは、また今度ゆっくりね」

ミズキはそういうと電話を切った。


仕事をする上では、自分の意に沿わない部署への異動や興味を持てない業務に取り組むことは避けられません。特にＩＴに関する部署や業務は、特定の技術知識も学ばなければならないことから、どうしても気持ちが引けてしまう場合もあります。

しかし一方で、ＩＴの側からすると、その会社で行われている業務の知識こそ良いシステム作りの為には不可欠で、マサトのような畑違いの人間も必要となります。営業や企画、生産、総務など会社には色々な仕事がありますが、そうした場で培われた知識やスキルはＩＴ部門でも必ず必要となります。言い換えれば、そうした人間こそＩＴ部門には不可欠であり、肚さえくくれば、良いパフォーマンスを出すことも可能でしょう。

ＩＴ部門に行けと言われたら……

ＩＴの知識もなく、興味もないのに突然、社内のシステム部門に行けと命じられた。皆さんだったら、どのようにお感じになるでしょうか。ＩＴ企業でもない限り、いえＩＴ企業であったとしても、自社内のＩＴ整備というのは決して人気のある部門ではないでしょう。本業とは縁遠いし、社内の評価もされにくい、まるで黒子のような仕事である上に、システムにトラブルなどがあれば、社内から責め立てられることだってある。仮に自分がＩＴに興味のある人間だったとしても、ユーザー企業のＩＴ部門というのは、多くの場合、自分の手で開発をするわけでもないので、正直、あまり楽しい仕事とは言えないかもしれません。

そうは言っても仕事は仕事ですから、一生懸命に頑張って良いＩＴを社内に提供しなければなりません。いずれは人事異動で別の部署に行くとしても、ＩＴ部門にいる間は、ＩＴを学び、良いＩＴを社内に提供しつづけなければいけません。「仕事はお金を貰う為」と冷めた考えを持たない限り、自分自身を〝鼓舞〟しなければならないわけです。

しかし、そんな方々にとって、最近は少しだけ良い風が吹いて来たように思えます。それが本書でもたびたび出てくる〝デジタル・トランスフォーメーション〟です。従来のＩＴは単に今ある業務プロセスの一部をコンピュータで楽にするというものでしたが、ＤＸは、**デジタル技術を使って、仕事のやり方を変えてしまおう**というものです。古くはAmazonが、インターネットでなければできない通信販売を実現し、また、そこで収集した顧客データを利用して、それまでにないマーケティング分析をし、そこからまた新しいサービス企画を考えたのは、まさにＤＸの好例ではないでしょうか。そんな**デジタルありきの新しい仕事や会社の仕組みを考える為に必要な知識、ＩＴ知識、社内プロセスに関する知識などを学ぶには、システム部門はとても良いところ**かもしれません。

実際に、そうした仕事を命じられなくても、自主的に自分で勉強し、社内改革の提案を行う為の下準備ができるなら、あるいは他の部署に異動して新しい仕事の仕方を模索できるなら、ＩＴ部門の仕事もそれなりに、ダイナミズムがあり、自分のキャリアアップに結びつく重要な経験になるのかもしれません。

第１章

IT担当者の心構えの作り方　まとめ

- ITの仕事は「嫌でも苦手でも、とにかくやってみる」と、道が開けることがある。
- トラブルが起きた時こそ、一致団結するチャンス。

第 2 章

業務フローの作り方

「便利になった」「ありがとう」と言われるシステムを手に入れるために最初に準備するもの。それが「業務フロー」です。

システムの企画、提案 ▷ 要件定義 ▷ 見積、契約 ▷ 設計 ▷ 実装 ▷ テスト ▷ 納品 ▷ 保守

登場するシステム

交渉管理システム

どんなシステム?

再開発用の土地の交渉状況を一元管理し、担当者・管理職・経営陣が共有するためのシステム

この章でできるようになること

・業務部門(実際にそのシステムを使って仕事をする部門)へのヒアリングのコツがわかる
・業務フローを書き出す前に必要な準備がわかる
・「実現したいこと」を全員で共有できる業務フローの書き方がわかる

なんとかDX室での最初の仕事をやり遂げたマサトに豆田は新システムの企画を行うようにと命じます。システム企画では現状業務と課題、そしてそれが解決した業務の姿を表すToーBeの業務フローや業務一覧、システム化対象範囲、システムの基本機能、ITベンダーへの提案依頼書など様々なドキュメントを作りますが、今回はToーBeの業務フローについて紹介します。

現状業務の概要とその課題はエンドユーザー部門や経営層から示されるものです。システム化対象範囲以降のドキュメントはITベンダーや外部コンサルに作ってもらうことが可能ですが、ToーBeの業務フローは本来、エンドユーザーとシステム部門が意志を持ち、自身の手で作らなければならないからです。

〝対象業務の課題〟を探す

「こんなもんでいいんじゃないの？別に間違ってるとこないよ」

地域開発本部の矢吹純也主任は片手にマサトの持ってきた業務フロー図を持ち、もう片方の手の太い指でスマホの画面をいじりながら言った。

地域開発本部。社内では〝地開〟と呼ばれるこの部署は主に駅前再開発を担当する。駅周辺に密集する古い商店などの土地を買い上げ、そこに大型の商業施設や官庁、公園などを造るのだが、プロジェクト前半の大仕事は各商店との土地買収交渉だ。場所にもよるが通常、一つの再開発で数十から数百の商店と買収交渉を行う。

この業務の大きな課題は各交渉の状況を担当者間や管理職そして経営陣がリアルタイムに共有できないということだった。例えば交渉相手にはある程度の情報開示が必要になる。買収に応じるかどうか迷っている商店主達は他の交渉の進展を気にする。隣の店はもう売却を決めたのか、どのような条件なのかということを判断の材料にしようと考えるからだ。

また、土地売却後の転居についても、開発会社からどのような提案があるのか、他の売主達はどうするのかも気になる。地開の担当者は必要に応じてこうした情報を正しくタイムリーに伝える必要があるが、その情報源となる他の担当者の交渉レポートや様々なニュース、情報は各部署間で共有されておらず、誤った情報を与えたり古かったりして売主の信頼を損ねることが度々あるのが実情だった。

一方で経営陣にとっても交渉の状況を正確に知ることは重要だ。再開発全体の進展次第では企画の大幅な見直しや、場合によっては中止の判断を下さなければならないが、部下達の属人的な報告は往々にしてポジティブなものが多く、それを鵜呑みにしていては重要な判断を誤る。客観的で定量的な事実や交渉の実際を知ることが必要なのだ。

こうした課題に対する方針として立てられたのは買収交渉の記録を社内で共有し、交渉や経営判断に活用する仕組みを作り、交渉相手の信頼獲得と迅速な買収の実現、そして戦略立案と経営判断を可能にすることだった。そしてそれを支援するシステムが必要であることも社内で合意されている。まだ正確な機能は不明確だが社内ではこれを「交渉管理システム」と名付け、その企画をＤＸ室と地開が行うことになったのだ。

関心の薄そうな矢吹の姿を見たマサトの心は、一方で昨晩2時までかかった資料を受け入れてもらえたという安堵がありつつ、苦労の割に相手の反応が薄かったことへの失望もあった。どちらかと言えば後者の方が大きい。

マサトと共に説明にやってきた真野マリアは隣で眠そうにしている。打ち合わせの間中、何度も欠伸をかみ殺していることにマサトは気づいていた。

「大丈夫ですか？」

マサトが矢吹に尋ねた。会議前には、初めて書いた業務フローに目の前に座る大男が太い眉を吊り上げて怒り出すことも恐れていたが、今では矢吹の無関心な態度の方がマサトの不安を掻き立てていた。

「いいから、このまま進めちゃってよ。おっと次の打ち合わせだ。じゃ後はよろしく」

矢吹はそう言うと立ち上がって、そそくさと出て行ってしまった。

「本当に大丈夫だったのかな」

帰りの廊下を歩きながらマサトはマリアに尋ねた。

「いいんじゃないですかあ。任せてくれるって言ってるんだし」

マリアはそう言うと大きな欠伸をして、

「すみません。昨日〝オール〟だったんで」

と言葉を足した。

（僕が昨日終電を逃すまで働いたのを知ってるくせに、わざわざ言わなくても）

マサトは思った。

「資料、間違ってなかったよね？」

マサトの問いにマリアは初めて視線を向けた。

「そりゃ、アタシが教えたんですから間違いなんてあるわけないです」

それまでと打って変わって強い視線を向けてきたマリアにマサトは一瞬息が詰まった。


真野マリアは外資系コンサルティング会社からやってきた期限付き出向者だ。年齢はマサトよりも二つほど下だが、ＩＴ戦略立案や新システムの企画の方法論をよく理解しており、アサヒ住宅に来てから幾つものＤＸとそれに伴うシステム開発を成功させている。その彼女がマサトの目の前に現れたのは昨晩のことだった。

まずは、基本に従って書いてみる

数日前、豆田がマサトを自席に呼び出して「地開の交渉管理システム、アンタが業務フロー書いて」と言った。

「僕が一人で？」

目を丸くするマサトに豆田は頷いた。

「交渉管理システムのことは知ってるわね？」

頷くマサトに豆田は「来週、地域開発を担当する江守専務に見せるからそれまでにね」と言った。

「そんなの……僕にできますかね。そういうのは専門のＩＴベンダーとかコンサルとかが……」

と言うマサトに豆田は首を振った。

「これは不動産業務、いえ、アサヒ住宅販売って会社を知る人間のやるべきこと。ＩＴコンサルは手伝うことはできても業務フローを書くのは業務を知る人間でないと役立つものはできない。まずは自分が〝アサヒのプロ〟であることを自覚しなさい。明後日９時半に地開の矢吹って主任が事前に見てくれるらしいから、ラフでいいから何か書いて持って行って」

豆田の命令を渋々受けたマサトは自席に戻った。ラフで良いとはいえ時間がない。マサトはとりあえず、社内の資料を漁り地開の交渉業務とはどういうものなのかを調べてノートに書きだした。併せて地開本部内で開かれた「交渉業務改善会議」の記録を調べ、交渉情報の一元化ができていない等の課題も書きだした。記録には〝この業務改善には「〝信頼〟と〝迅速〟を旨とする交渉」、「売主様の夢と未来に責任を持つ買収」、「ファクトベースの経営判断」が大切である〟との江守専務の言葉も残されていた。

しかし、この後どのように作業を進めたら良いのかマサトにはサッパリ分からなかった。業務フローというものの書き方も分からない。結局矢吹との面談の前夜までマサトは何も書けないままだった。時刻は夜９時を回っている。マサトは椅子の背もたれを思い切り倒し、顔を天井に向けて「あーあ」と呟いた。

「内田マサトさん……ですか？」

見ると大きな目をした細身の女性が立っていた。

「ＰＫＥコンサルティングの真野マリアって言います」

彼女は挨拶のために頭を下げるでもなく、上からマサトを見つめていた。

「あっ、はい。どうも……」

マサトは慌てて姿勢を戻した。

「なんか豆田室長が業務フローの書き方が分からないヤツがいるから教えてくれって。それで来ました」

マリアは少し面倒臭そうに言った。豆田室長、自分でやれって言っといて、やっぱりヘルプを付け

図 2-1 マリアが見せた業務フローの例

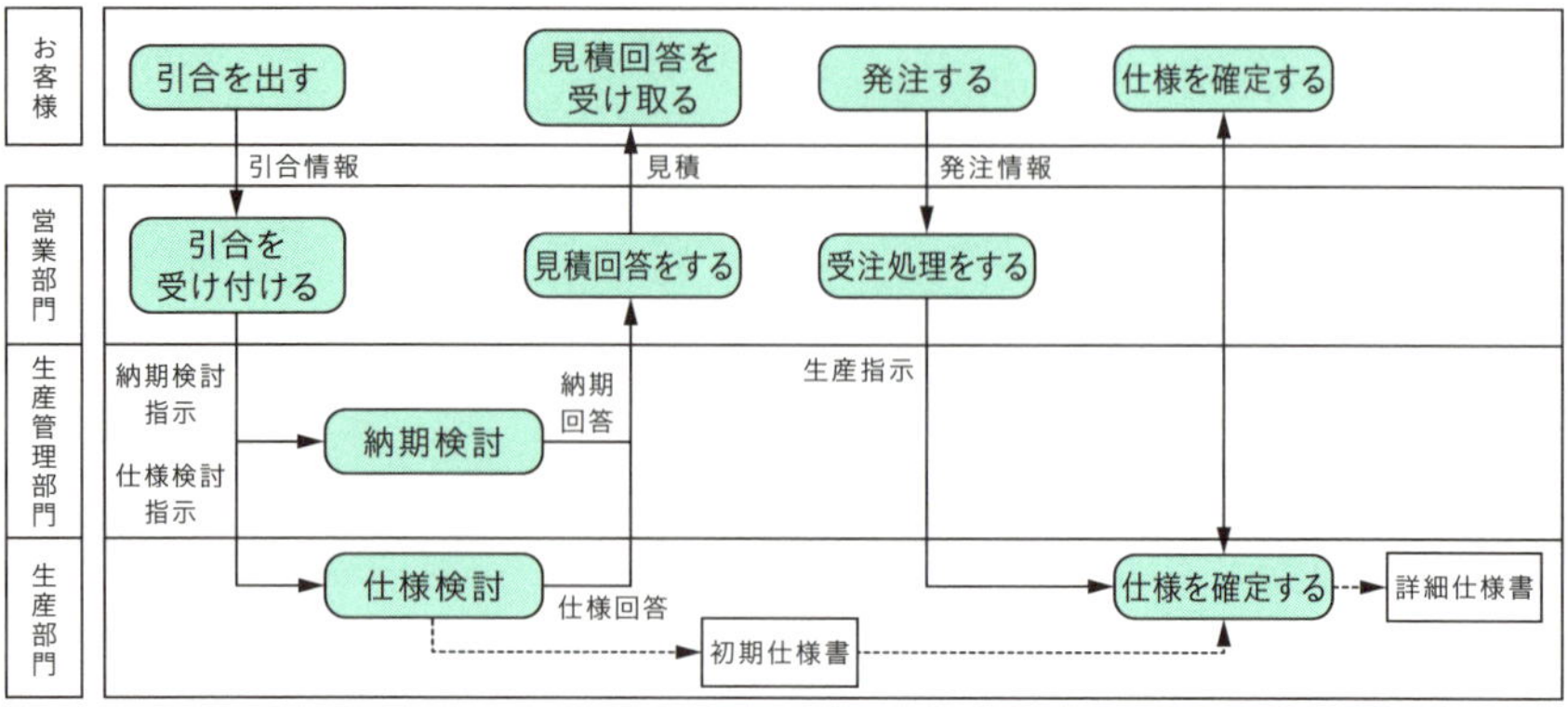

てくれたのか。マサトは心が少し軽くなった気がした。

しかしマリアの、

「言っときますけど、あくまで資料を作るのはマサトさんですから。アタシ、そこまでコンサルフィー貰ってませんしね。そもそも業務フローなんてものは会社のことをよく知ってる〝アサヒのプロ〟が書くもんです」

という言葉に、マサトの心は再び重くなった。

「まっ、そんなこと言ったらモトも子もないですよね」

マリアはそう言うと隣の席に座り、持参した業務フローのサンプル（図2−1）をマサトの前に差し出した。

「DXだからって特別なものでもないです。業務の流れさえ分かれば書き方はなんでも」

（なんだ、これか）

マサトは思った。**左側に縦に並んでいるのは、その業務に関連する部署や人。丸四角の枠に囲まれた「引合を出す」や「引合を受け付ける」は、その人達がやる仕事だ。**それが順序よく並んで、最終的には右上の「仕様を確定する」まで繋がっている。これなら似たような図を社内事務の説明書などで見たことがある。

「他にも色々と書き方はあるんですけど、まあマサトさんみたいなド素人が初めて書くなら、これくらい簡単なものがいいんじゃないですか？」

マリアはポーチからコンパクトを取り出してまつ毛の形を確認しながら言った。

「ド素人って……まあそりゃそうだけど」

マリアの言葉には遠慮というものがない。

「この左側に並んでいる〝お客様〟とか〝営業部門〟とかは〝アクター〟って呼びます。登場人物ってことですね。丸四角で囲われてるのが業務」

「うん。分かるよ」

そう言うマサトの顔に初めてマリアが視線を向けた。それまでのどことなく眠そうだった目が少しだけハッキリと見開かれた。

「じゃあ、これってなんだか分かります？」

マリアはそう言うと、ハートのチャームが付いたピンクのボールペンでフローの中の矢印を指した。

「それは……仕事の順番なんじゃ……」

それを聞いたマリアは口元を少し綻ばせた。

「それぞれの矢印には必ず情報が書いてありますよね？『引合情報』とか『納期検討指示』とか。**業務には流れと一緒に何らかの情報が受け渡されますよね**。言い方を変えれば、業務は〝入力情報〟を加工して結果の情報を出力する。それを次の業務が受け取る。仕事の流れって大体がこうですよね？」

マサトは頷いた。確かに会社の仕事というのはそうしたものだ。

「**〝納期検討〟という業務は、〝納期検討指示〟という情報を元に〝納期回答〟という出力をする。それを営業が受け取って〝見積回答をする〟って業務に使う……**」

「Well Done!」

マリアが言った。先ほどまでの不愛想な態度とは違い、まるで小さな子供を褒める母親のようだ。

「今後作ることになる**システムの要件定義や設計では、〝入力〟と〝論理演算〟と〝出力〟★を正確に表現することがとても大切**になります。だから業務フローもそれに対応した〝入力情報〟と〝業務〟と〝出力情報〟を明確にすることが大事」

マリアはそう言ってから業務フローについていくつか補足をした。

・アクター毎に右に伸びる箱の名前は〝レーン〟と言う。
・業務フローはシステム化対象外と決まっている業務も必ず書く。
・業務フローには新システムの構成や機能は書かない。先に書いてしまうとそれに縛られて自由な業務検討ができない。
・必要に応じてデータの集積は書いても良い。（具体的なデータベースシステムについては書かない）
・記入する入出力情報の詳細は後々変更になりやすいので記述しない。ただし大きなカテゴリとし

★POINT

システムの機能は必ず、なんらかの情報を与えられ(入力)、それによってなんらかの判断や計算を行い(論理演算)、結果を画面やデータベースなどに出す(出力)。

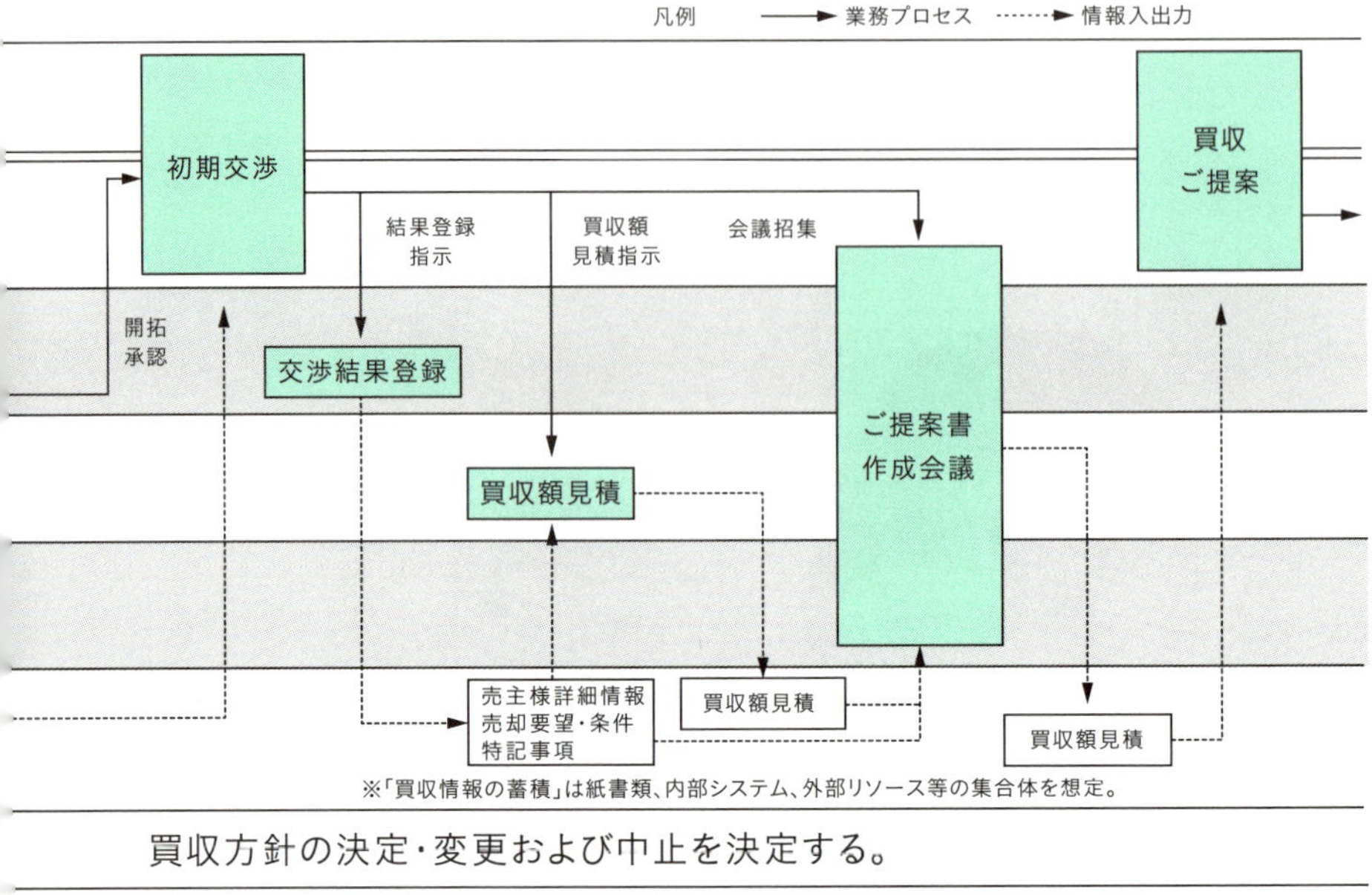

ては漏れなく書き込む。

・業務の流れと別に情報のやりとりがある場合は点線など別の表現で記す。

マサトの目は一通りの説明を聞いて輝いた。

「うん、できる。これなら大丈夫だよ」

「じゃあ、書いてみてください」

マリアが言った。マサトはパソコンにパワーポイントを立ち上げ、マリアのフローを真似ながら徐々に書いて言った。

「えっと、アクターは土地の売主様、地開の交渉担当者とそのアシスタント、それに買収価格の見積担当もいるか……。今回のシステムは情報の一元管理がポイントだから、もうそれはデータの集積として書いちゃっていいかな?」

「いい気づきです。それもアクターにしま

■ 図2-2 マサトの書いた地開の業務フロー

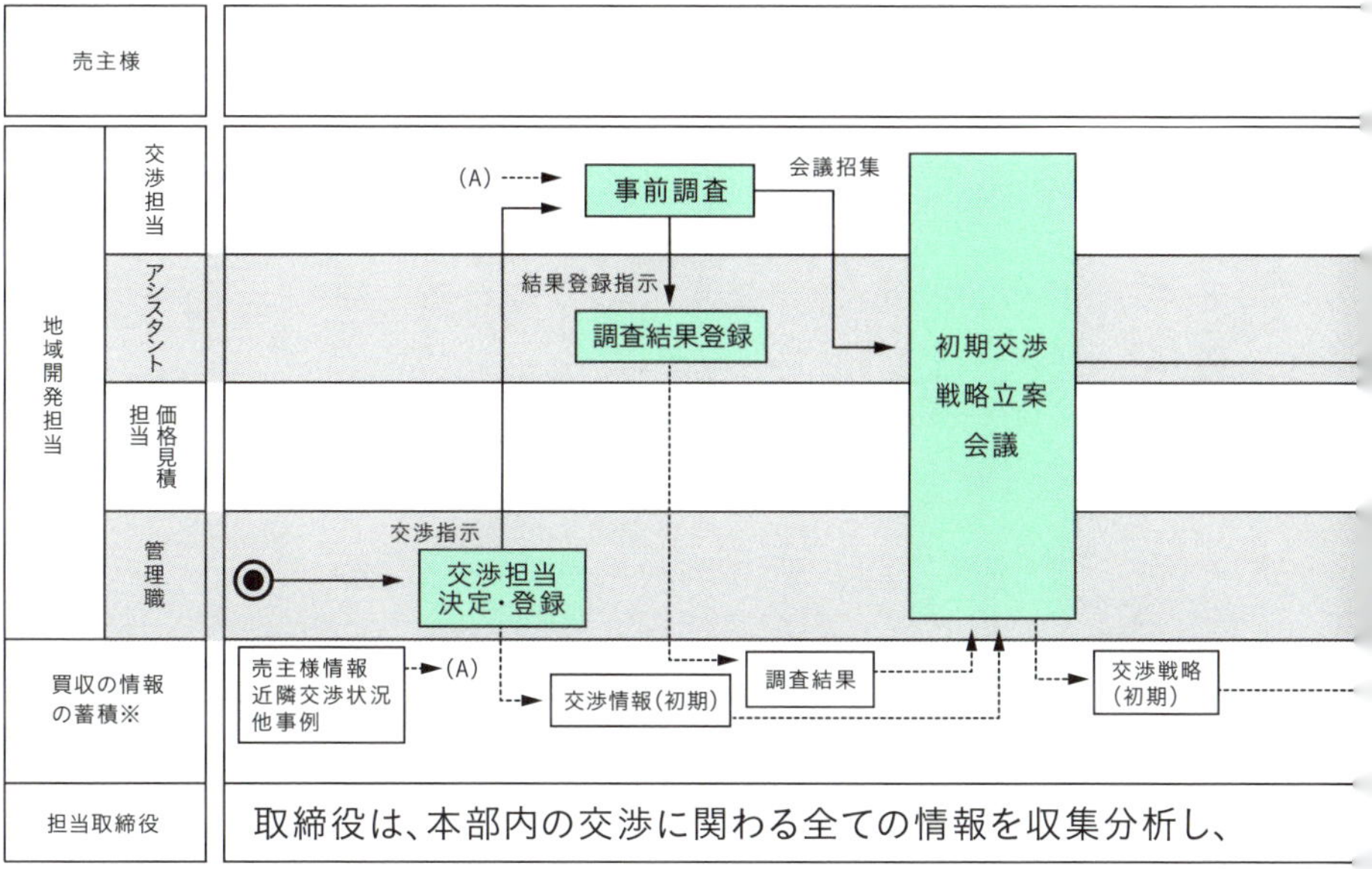

しょう。『買収情報の蓄積』とでも書いて」

マサトは続いて業務と入出力情報を書いていった。今回は業務で発生したデータが必ず『買収情報の蓄積』に登録されることがポイントなので、マリアの示したサンプルと違い、データの流れは別の点線で表した。

マリアは時々〝Good Job〟とか〝Excellent〟などと言いながらマサトの作業を見ていたが、時刻が夜10時を過ぎたことに気づくと「アタシこれから友達と約束あるんで」と言って帰っていった。マサトはその後、様々な試行錯誤を繰り返し、フローが完成したのは午前2時のことだった。

正確なだけの業務フローに正解はない

マサトが矢吹に説明したのは、こうして作られた業務フローだ。書くべきことはきちんと書いた。間違っている箇所もないし矢吹からも反論はなかった。矢吹の無関心にはガッカリしたが、それでも自分は役割を果たせた。あとはこれを江守専務の前できちんと話せればいい、マサトはそう思った。

「真野さん、ありがとう」

ＤＸ室に戻る廊下でマサトは言った。マリアの態度や言葉にはカンに触るものもあるが、とにかく彼女なしではフローを書けなかったことは確かだ。

ところがマリアはマサトの感謝には何も反応することなく、

「今日の説明は無事に済みましたけど、開発はきっとうまくいかないんでしょうね」

と言った。マサトにはマリアが何を言っているのか分からなかった。

「なんで？矢吹さん問題ないって言ったよね？」

「でも、つまらなそうに聞いてましたよね」

「そりゃ、あんまり熱心に聞いてる風じゃなかったけど。でもフローが間違ってなきゃとりあえず……」

その言葉にマリアは立ち止まってマサトの顔を真っすぐに見た。

「**間違ってないけど正解でもない。ＤＸの世界じゃ時々あることです**」

「それ、どういうこと？じゃあ、どう書けばよかったの？」

「さあ……知りません」

マリアはそう言った。

「知らないって……」

「何をどう書けば正解になるのか、皆が喜ぶのか、そんなのアタシが知るわけないじゃないですか。そこはアサヒの社員じゃないと分からないところです」

マリアの目がまた鋭くなった。

「で、でも真野さん、昨日は褒めてくれたよね。だから僕は……」

その言葉にマリアの視線が再び柔らかくなり、彼女は少し微笑んだ。

「だって、そうでも言わなきゃいつまでも付き合わせて帰してくれないじゃないですか。令和の時代に深夜残業なんてあり得ないですよ」

「……」

言葉を失うマサトの前で、マリアは腕時計に目をやり、

「あっもうこんな時間。今日はオムライスのキッチンカーが来るんですよね。早く行かないと売り切れちゃう」

と言って、足早にエレベーターに向かって行ってしまった。

DXの目的をもう一度考えてみよう

その後、何度聞いてもマリアは「さあ」とか「ご自分達で考えてください」としか言わない。

(なんなんだ、あのコンサル。大事なことは何も教えてくれない)

やがてマサトはすっかり諦めマリアと口を利くこともなくなった。

結局、何も修正できないまま江守専務への説明の日がやってきた。専務室には江守と矢吹、それに何人かの取締役が座っていた。

「つまんないわね」

マサトからフローの説明を聞いた江守が言った。

「間違っちゃいないけどワクワクしない」

(やっぱりそうなのか)

どうしたら良いか分からないマサトは視線を矢吹に移したが、彼は天井を向いたままマサトを見ようともしない。

矢吹の隣に座る梶谷取締役が眉をひそめたまま口を開いた。

「地開の新しい業務。そりゃまあそうだけどって感じだな。この改善で何が嬉しいんだかちっとも分からん。これ新システムを作る為のもんだろ?なんのメリットも見えないものに何億円も投資はできんな」

　続いて地開の正木本部長が言った。

「ただ業務の流れを写しただけの資料を我々に見せて、だからどうだって言うんだ？」

　次々に浴びせられる冷水のような言葉に脇の下や背中から汗が流れ落ちる。このままだと目からも大粒の汗が落ちてきそうだ。

　うつむくマサトに江守の「やる気ないんならヤめていいのよ」という声が突き刺さった。

「フロー作らなくても……いいんですか？」

　つい出てしまったマサトの言葉に江守の声が一段高くなった。

「業務フロー書くことじゃなく会社辞めてもいいって言ってるの。アンタ営業じゃ使い物にならないってDXに来たのよね。ここでこんな仕事をするんだったら、もうウチに居場所ないじゃない」

　マサトは、随分と久しぶりに頭に血が上るのを感じた。決して間違ってはいないはずの業務フローに、何故ここまで言われなければいけないのか。ぎゅっと拳を握るマサトに江守が続けた。

「DXってものを分かってる？既存の業務をただシステム化しようってんじゃない。デジタルの力で業務の仕方を変えて新しい価値を生み出す。社会にそれまでにないものをもたらす、会社に利益と社会貢献の場をもたらす、そしてお客様や我々にも笑顔をもたらす。アンタのフローでそれが分かるの？」

業務フローは目的への物語？

（どうすりゃいいんだ）

席に戻ったマサトが頭を抱えていると「やあマサト君。なんか暗いねえ」と声を掛ける男がいた。〝アスカ〟のリリース作業を一緒に行った若田だ。

「若田さん。あの……いえ」

マサトは開きかけた口をすぐにつぐんだ。能天気に微笑む若田が何らかの答えを持っているとはとても思えなかった。

若田は、そんなマサトの思いをよそにいつもと同じ柔和な笑顔を浮かべながら画面を覗き込んだ。

「どれどれ、ああ業務フローか。これは地開の交渉管理システムかな？良くできてるじゃない。書き方も正確だし図も分かりやすい」

若田はそう言うと感心したように頷いた。

「でも、これじゃダメだって言うんです」

マサトはため息混じりに言った。的確なアドバイスなど期待はできないが、愚痴くらいは聞いてもらえるかと思ったのだ。

「そーお？」

若田はそう言うと、もう一度画面に顔を近づけた。

「間違ってはいないけど正解じゃないとか、ワクワクしないとか」

「ふーん。そんなの僕に聞かれても困っちゃうなあ」

若田が体を起こしながら言った。

「まあ、最初から若田さんに答えなんて求めてないですけどね。……あっ、いえ」

マサトは苦しみのあまり人の好い若田に嫌味を言ってしまったことをすぐに後悔したが、若田の方は全く気にする素振りはない。生来の育ちの良さからか嫌味などというもの自体を知らないのかもしれない。

「〝間違ってない〟ってことは今書いていることを直す必要はないってことだよねえ……引き算がいらないってことは足し算か。何か書き足してみたら？」

「何を？」

マサトは初めて目を大きく見開いて若田を見た。もしかしたら若田もこれを見て何かに気づいたのかもしれない。そんな期待が胸の奥に少しだけ膨らんだ。

「それは知らない」

若田は胸を張って答えた。

「……まあ、そうですよね」

胸の奥の期待は再び小さくなった。

「いっそのこと物語にしてみたら？」

若田の目が輝いた。

「はあ?」

「フローになんか楽しそうなお話を書いちゃう」

「もういいですよ……」

やっぱり頼むに足りない。マサトは、そろそろこの無駄な時間を切り上げようと思ったが、若田は興が乗ってしまったらしく話を続ける。

「この商店の人たちは廃業したい。そこへライバル会社の悪徳地上げ屋がやってきて相場の半値で土地を買いたたこうとする。この土地は値下がりするから一刻も早く売りましょう……なんてね」

「地上げ屋……ですか」

「そこへアサヒ住宅の正義の開発担当者〝ワカタマン〟が登場。現在の相場や近隣の商店との交渉状況なんかを分析したデータを見せて、〝この土地をそんな安値で売っちゃいけません、て説得。悪者の地上げ屋は議論に負けた上、過去の悪事がバレて不動産業界永久追放みたいな。ワカタマンはその後、売主達や近隣住民と力を合わせて再開発は大成功……」

「はいはい、ありがとうございます。参考にさせていただきます」

マサトは若田を追い払うべくそう言ったのだが、若田には都合の良い部分しか聞こえなかったらしい。

「なら良かった。頑張ってね。必要なら手伝うよ」

若田は満面の笑みを浮かべながら去っていった。

「ったく。幸せな人だよな」

マサトがそう言って再びパソコンに目を向けた時、背後から「へえー」という声が聞こえた。振り向くとそこには若田の背中に視線を向けるマリアが立っていた。

「あの年頃のオジサマにしては柔らかい頭してますね」

マリアは口元に笑みを浮かべている。

「書いてみたらいいじゃないですか。正義の味方ワカタマン」

「君まで何を」

再びパソコンに向かおうとするマサトにマリアは「真面目に言ってるんですよ」と言った。

「物語はともかく登場人物、つまりこの業務フローのアクターにキャラ付けして、そうですね。似顔絵とか。あはは」

マサトの中に、楽しそうに笑うマリアへのいら立ちが膨らみ、おそらくマサトがここ10年ほど上げたことのない大きな声になって噴き出した。

「何がキャラ付けだ。くだらないことばかり言ってないで、ちゃんと教えてよ。肝心なことをまるで教えてくれないで何がコンサルだよ。僕がこんなに苦労してるのは、き、君のせいじゃないか！」

言うと同時にマサトは立ち上がり、正面からマリアを睨みつけた。

マリアは目を丸くしたが、すぐにフッと肩の力を抜いた。

「まだ若いのに頭固いですね。少しは見習った方がいいですよ。ワカタマン。まあ一つ教えることがあるとすれば……〝**業務フローは汚してナンボ**〟ってことくらいですかね」

そう言うとマリアはくるりと背を向け、自席に戻っていった。

＊

「まあ、江守さんの事は気にしないでいいよ。普段からキツい人だからね」

翌日、豆田がマサトを呼んで言った。

「はあ。それはまあいいんですが」

マサトは曇った顔を下に向けたまま言った。

「真野さんのこと？」

豆田が尋ねた。

「はい。と、とにかく肝心なところを教えてくれなくて」

マサトはボソボソと言った。

「フローの書き方自体は教えてくれたのよね？」

「でも、そこから先は……」

「それはアサヒの社員が考えるべきところだって言ったのよね？」

「はい」

と答えるマサトに豆田はしばらく黙ってから、

「仮に、彼女が何を書いたら良いのか教えたら、皆に〝つまらない〟って言われなかったと思う？」

「はい？」

マサトは首を捻った。マリアなら如才なく皆が喜ぶフローを作ったのではないか？と思った。

「**業務フローの基本は同じでも、そこに皆がワクワクするような書き足しが必要。でもそれはきっと会社の業務内容やその目指す方向性、社員の気質や風土、慣習とかによって違う。**そこを自分達で考えてもらうしかないって、彼女そう思ったんじゃない？フローに細々とデータやシステムのことまで書き込むべきなのか、業務に携わる社員の立ち居振る舞いを書くべきなのか。それは〝アサヒのプロ〟じゃないと分からない」

「でも、他所の例でも何か教えてくれれば……」

「そんなことしたら経験のないアンタはきっとそれを真似ることしかしないでしょ。それじゃあやっぱり、皆の心をつかむことはできない。そしてまた真野さんに違う例を貰って、それだってウチの会社に合ったものじゃないからやっぱりダメ出し。アンタは無間地獄に落ちちゃう。そう思ったんじゃない？」

「本当にそうでしょうか？僕には正直、真野さんはやる気がないだけのような気がして」

「そうやってアンタが頭に来て、逆に自分でやってやるって思うこと。それも彼女の作戦かもしれない」

豆田は微笑んだ。

登場人物の心から〝改善策〟を考える

「真野さんは信頼できなくても豆田室長は信頼できる」

席に戻ったマサトは、とりあえずマリアのアドバイスに従ってみることにした。業務フローをプリントアウトして、しばらく見つめた後、引き出しからシャープペンシルを取り出し「交渉担当」のところに太い眉を吊り上げた矢吹の顔を書いた。

矢吹の不機嫌な顔を見つめていたマサトは、江守が〝我々にも笑顔……〟と言っていたことを思い出した。

この矢吹さんが笑うような新システム導入と業務改革をするってことだよな。

「そうか」

マサトは呟いた。この太い眉の交渉担当者には顧客の信頼を得ることが大事。そうすれば交渉がスムーズになって成績も上がるし転居先の紹介だってできる……ってことは……。

マサトは業務フローの「買収ご提案」の部分に吹き出しを作り「とにかく情報の鮮度と正確さだ！」と書き込んだ。これがシステムで実現できれば矢吹も笑顔になるだろう。

（これが〝汚してナンボ〟ってことか。確かにウチの交渉担当が何に喜ぶのかなんて、正確に分かるのはウチの社員だけかも）

鮮度よく正確な情報……きっと単に他所の商店の交渉状況だけじゃダメだな。そんなものだけで売主様の心は動かせない。

成績は上がらなかったがマサトも営業職出身だ。家の売却を決心するときの売主様の気持ちも少しは分かる。吹き出しに

〝他の交渉状況、他の再開発の情報、地域のニュースや地価の情報をタイムリーに売主様に提供することで信頼を獲得できること〟

〝交渉中に明らかになった転居希望を交渉担当、見積担当が共有し、共同で分析することで迅速に最適なご提案をできること〟

〝これらを行うことで交渉が迅速に進むこと〟


と書いた。この吹き出しの内容がやがて業務要件となり、その一部が情報システムの機能に具体化されていく。単に入出力情報と業務を書いているだけでは、本当に今の業務をより良くして皆が喜ぶには足りない。

この吹き出しはアサヒの仕事を知り、同じ社員として交渉担当の考えにも近づくことができる自分だからできたはずだ。業務に、ただコメントを入れるだけならマリアでもできたかもしれない。しかし本当に社員の課題を理解できるのは社員しかいない。マサトはようやくマリアのことを信じる気になった。

マサトは続いてアシスタントのところにパートタイムの女性の絵を書いた。

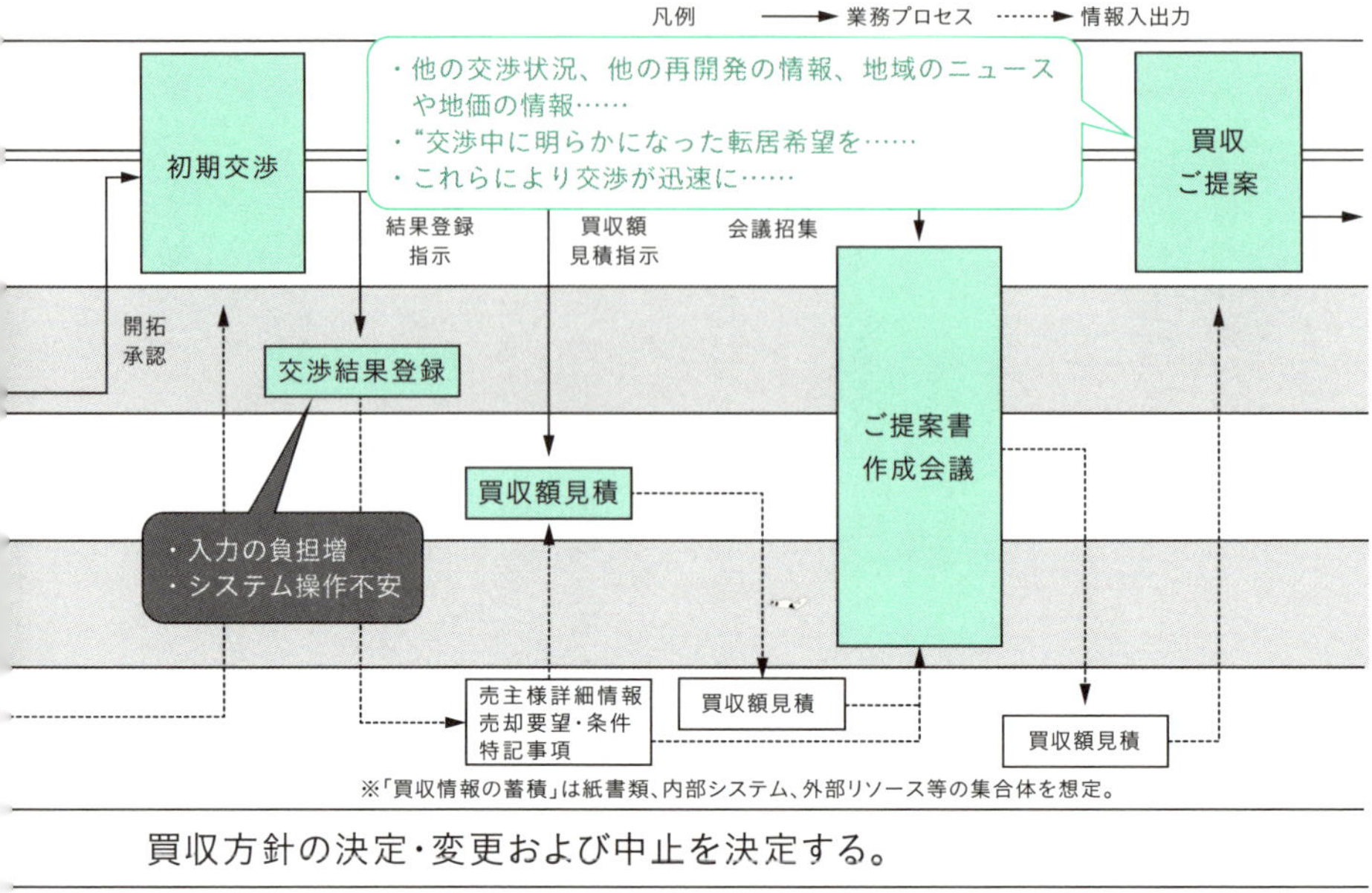

業務改革と新システム導入には全ての人が喜ぶわけではない。アシスタント達はこれまで紙の交渉記録をファイリングするだけだったのに、データとして入力しなければならなくなる。

〝大量のデータ入力の負担増。システム操作の不安〟

業務改革を行えば、必ず負担が増える部門や人がいる。**メリットとデメリットを比較して改革をするかしないかを判断する。**そんなこともあるのではないだろうか。そしてそれでも改革を行うとなれば、システムの機能も負担のかかる人に優しいものでなければならないだろうし、操作教育や人員増といったシステム機能以外の改善策も必要になってくる。アシスタントの似顔絵から、マサトはそ

■ 図 2-3 マサトが書き足している業務フロー（途中）

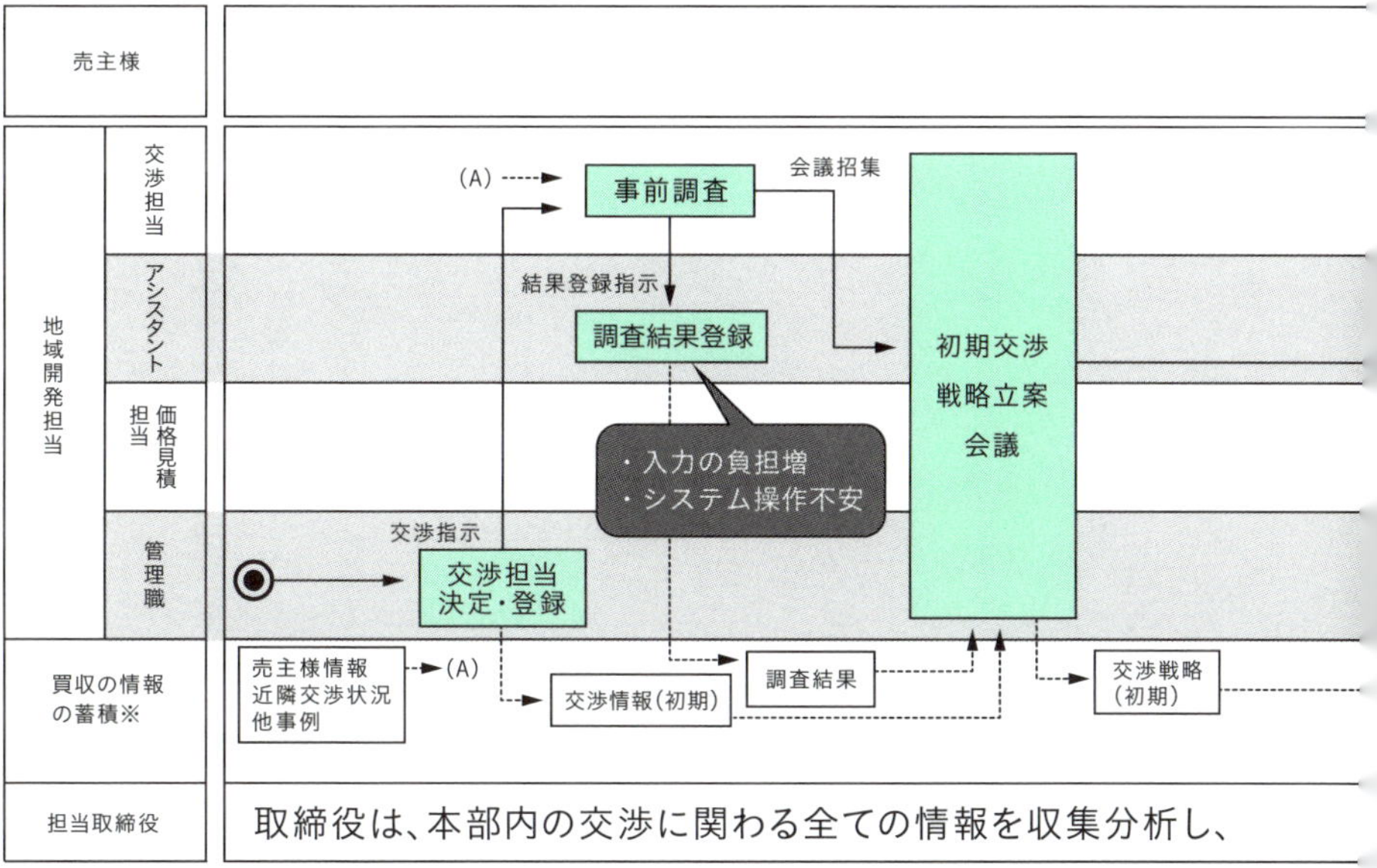

んな想像をした。

マサトはこうして業務フローに改革によってもたらされる効果とデメリットを書き足していった。その時、背後から〝Well Done!〟というマリアの声が聞こえた。これまで見せたことのない落ち着きのある笑顔だ。マリアは「いい感じです。でも内田さんがこれ以上やっちゃ駄目ですよ」と言った。

システム企画の主担当は誰？

翌日、マサトとマリアは再び矢吹の元を訪れた。矢吹は「あんまり時間ないぜ」と言いながらミーティングコーナーに現れると、

「業務フロー書けたの？あの後、俺も江守さんにさんざん怒られてな。ったくいい迷惑だったよ」

とマサトとマリアに鋭い視線を向けながら言った。

「書けてません」

マサトは首を左右に振った。

「じゃあ、何しに来たんだよ」

矢吹の目が大きくなる。マサトはたじろぎながらも一度鼻から息を吸ってから言った。

「矢吹さん達がいないと書けないんです」

「何言ってんだよ！システム作りはＤＸ室の仕事だろ？」

矢吹の声が大きくなった。明らかに二人を非難する言い方だ。

「〝何言ってんだよ〟は、こっちの台詞です」

マリアが言った。

「ＤＸはＤＸ室の為にやるわけじゃありません。この地開の業務をより効率的に快適にして成績も上げる為に仕事の仕方を変えるんじゃないですか。自分達の仕事ですよ。それを他人に任せようなんて

ムシが良すぎないですか?」

「なんだと?」

　矢吹が声を荒らげた。

「俺達はな！コンピュータの素人なんだ。そこをアンタらが補うのが仕事だろ！高いコンサルフィー取りやがって」

　しかしマリアは矢吹の大声をモノともせずに言った。

「自分達の仕事がどうなったら快適になるか、どんな風に変えたらワクワクするか、それは地開にしか分からない。それとＤＸ室の知恵を出し合って考えようって言ってるんです。それを全部こっちに押し付けるんですか?」

　徐々に厳しさを増すマリアの声に矢吹が押され始めた。

「だから俺達にはＩＴだのＤＸだの……」

「そんな知識いらない！」

　今度はマリアの声が大きくなった。

「矢吹さん。これ見てください」

　マサトが書きかけの業務フローを矢吹の前に差し出し、地開担当者のところに書いた吹き出しを指さした。

「ここには地開の得られるメリットを書いてます。これ正しいですか?」

　その言葉に矢吹は視線をマリアからフローに移した。そしてしばらくすると、

「大体こんなもんだけど……ちょっと違うか」

と言った。その言葉にマサトが頷いた。

「ですよね？ 地開の人しか分からないですよね。だから皆さんに自発的に考えていただきたいんです。皆さんの仕事を皆さんで作っていただきたいんです」

マサトが力のこもった目で矢吹を見つめた。

「俺達の仕事を俺達が作る……当たり前か」

矢吹が呟いた。

「地開の主要メンバーの方とこれを完成させる会議をやれませんか？ いつでもいいです」

マサトが言った。それに対して矢吹は「明日、皆を集める」と言った。


翌日、地開の会議室には交渉担当者やアシスタントが8人ほど集まった。皆でマサトがディスプレイに投影する業務フローをみて意見を戦わせている。各業務についてまずアクターの気持ちを語りあい、改革で生まれるメリット・デメリットを話し合う。

「売主様って皆が皆、商売辞めたいわけじゃないよ。再開発した場所でもっと商売したいって人もいる……」

「経営判断はさあ、やっぱり交渉記録だけじゃなく担当者から直接意見を聞いて、その両方から判断するだろ。むしろ改善策は、もっと役員との風通しを良くするフリートークの場を作るとか……」

こうした議論が続き、業務フローが吹き出しで埋め尽くされた。

〝改善策〟と〝企画目的〟を結び付ける

「これでひと段落か？」

２時間以上に渡る会議に疲れた矢吹が言った。

「いえ、まだです」

マリアがそう言って業務フローの周囲に３つのテキストボックスを貼った。

「そもそもこの業務改革の目的ってこうだったですよね？」

1. 〝信頼〟と〝迅速〟を旨とする交渉。
2. 売主様の夢と未来に責任を持つ買収。
3. ファクトベースの経営判断。

「**業務改善はこの目的達成の為に行うんですから、全ての改善策はこれと結びついている必要があります。これと結びつかない改善策はたとえ魅力的でも捨てます**」

「捨てるのか」

矢吹の言葉に、マリアは真っすぐな視線で「はい」とだけ言った。

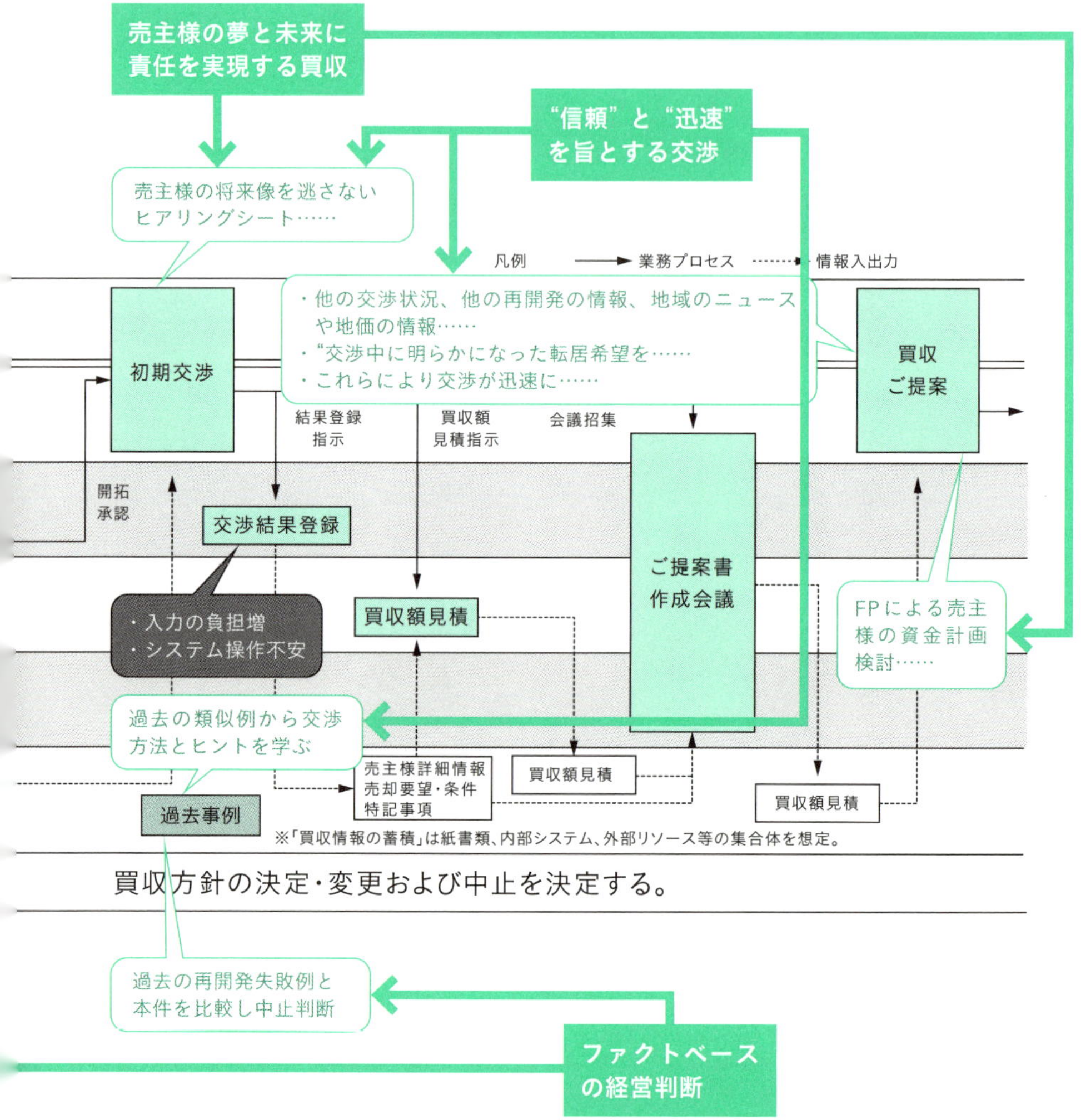

売主様の夢と未来に責任を実現する買収
"信頼"と"迅速"を旨とする交渉
売主様の将来像を逃さないヒアリングシート……
凡例
業務プロセス
情報入出力
・他の交渉状況、他の再開発の情報、地域のニュースや地価の情報……
・"交渉中に明らかになった転居希望を……
・これらにより交渉が迅速に……
初期交渉
買収ご提案
結果登録指示
買収額見積指示
会議招集
開拓承認
交渉結果登録
ご提案書作成会議
・入力の負担増
・システム操作不安
買収額見積
FPによる売主様の資金計画検討……
過去の類似例から交渉方法とヒントを学ぶ
売主様詳細情報
売却要望・条件
特記事項
買収額見積
買収額見積
過去事例
※「買収情報の蓄積」は紙書類、内部システム、外部リソース等の集合体を想定。
買収方針の決定・変更および中止を決定する。
過去の再開発失敗例と本件を比較し中止判断
ファクトベースの経営判断

■ 図 2-4 吹き出しと企画目的の結び付け（途中）

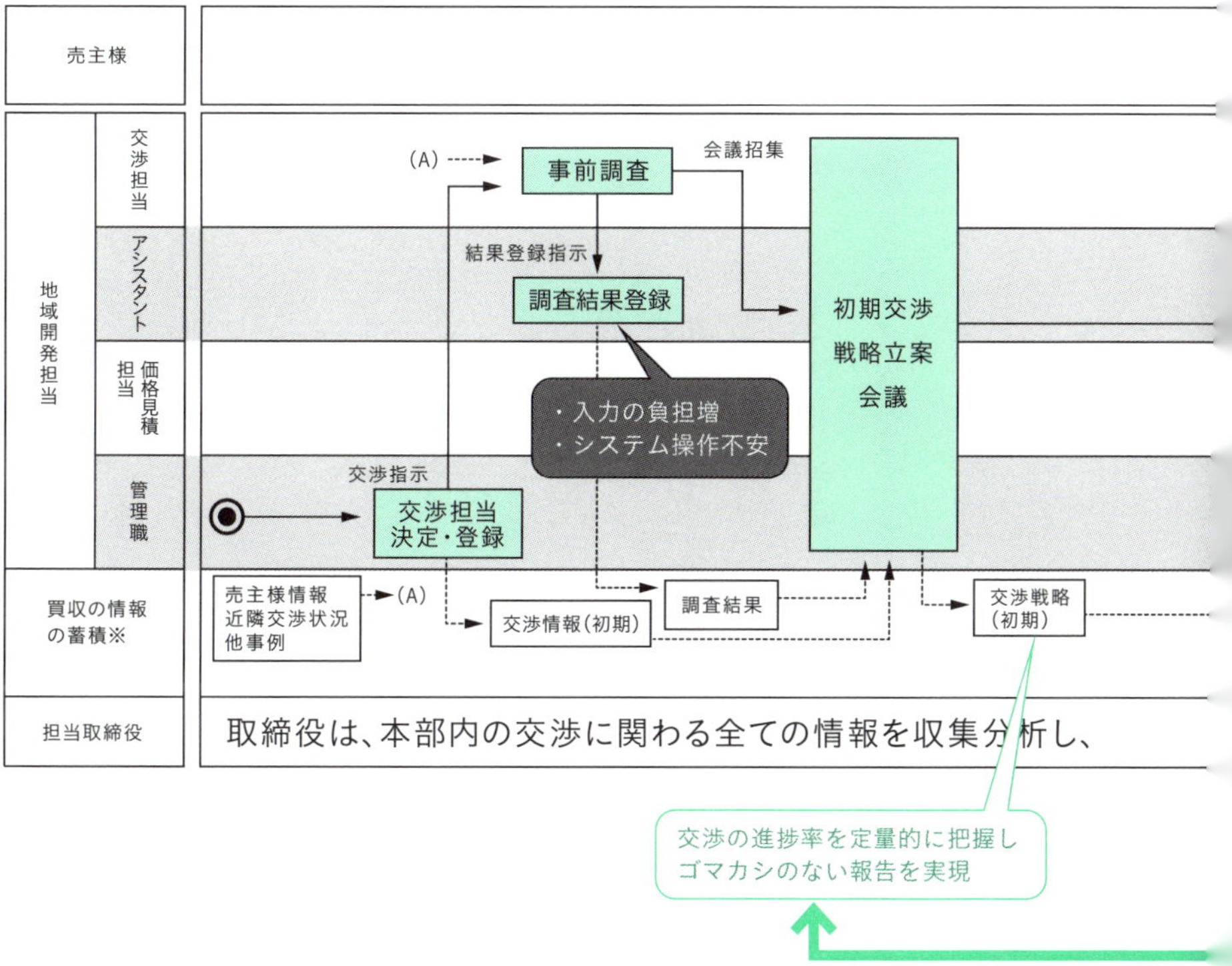

検討が再開された。

「売主様に情報を伝えるのは『信頼』を得る為にやるんだから方針と繋がってるな」

「それだけじゃ信頼を得るには足りないんじゃないですか？」

「やっぱり、売主様の不安は今後のことじゃないか？どこに住んで、どんな生活をするのか。お金のこととかもさ」

「じゃあ売却の相談窓口を作るか。新しいアクターだけど」

「それには外部のファイナンシャルプランナーとか頼まなきゃなりませんかね。予算がどうでしょう」

「そうか……」

「でも、やったらきっと売主様喜びますよね」

「メリット・デメリットをはっきりさせれば、最終的には経営層の判断だ」

……

作業は夜遅くまで続けられ、買収交渉の業務フローが完成した。

「なんだか吹き出しと矢印で下が見えなくなっちゃいましたね」

そんな言葉に矢吹が答えた。

「最初の何にも書いてないヤツとセットにすればいいだろ。このぐちゃぐちゃのヤツがないとワクワクしねえ」

「こ、これで大丈夫かな」

マサトが隣のマリアに同調を求めて振り向いた。しかし今までそこに座っていたはずのマリアの姿はなかった。

書くべき正解は自分の中に

その夜、マサトはミズキに電話をした。ここのところ忙しくて連絡をとれていなかった。

「あっミズキちゃん……」

言いかけるマサトの言葉をいきなりミズキが遮った。

「ああ、マー君?ちょうど良かった。お別れを言いたかったから」

「別れる?えっ?何?」

マサトはミズキの言葉の意味が分からずに聞き返した。

「前から劇団仲間の子にアプローチされててね。マサト君よりいい男だから、そっちにすることにした。じゃあね」

ミズキはそう言うとカチっと電話を切った。

「ちょっ、待って、ミズキちゃん!ミズキちゃん!」

……

「マサト君、マサト君……」

若田の物腰の柔らかい声と背中をポンポンと叩かれた振動でマサトは目が覚めた。時刻は午前9時を回っている。デスクの上に突っ伏して寝ていたせいか背中の筋肉が固まって痛い。頭の下敷きになっていた左腕も痺れて感覚がなくなっている。まだ朦朧とする中、若田の顔を見たマサトは「ワカタマン……」と呟いた。

「ん？何それ」

若田が首を傾げる。

「何って、自分でそう言ってたじゃない……えっ？」

徐々にハッキリしてきた頭の中で、マサトはもう一度自分の記憶を整理した。昨夜、地開の業務フローを書けと命じられ、その後、自分は自席のパソコンに向かって作業を続けた。やがて眠気に負けて……。

「ええっ？」

マサトは思わず声を上げて立ち上がった。夢？もしかして今まで僕は長い夢を見ていたのか？じゃあ、出来上がったと思った業務フローは？ワカタマン……はどうでもいいとして……マリアさんは？

「へえ、良くできてるじゃない。書き方も正確だし図も分かりやすい」

若田がマサトのパソコンを覗き込みながら言った。そこには、ただアクターとレーンと業務、それに入出力情報が矢印と共に書かれただけのシンプルな業務フローがあった。

（やっぱり、全部夢だったのか……）

マサトは思った。何も知らなかったマサトが初歩的な業務フローを書けた理由もすぐに分かった。フローを書いたパワーポイントの裏には、「初心者でも分かる業務フロー図の書き方」と題したWEBページがあった。


「あの……」

マサトは若田の横顔に尋ねた。

「何？」

「DX室に外部コンサルって常駐してませんか？真野マリアさんていう……女性の」

若田は首を傾げた。

「さあ。本社ビルの女の子は全部チェックしてるけど……知らないなあ。可愛いの？」

そう言われてマサトは、マリアがどんな顔をしていたのか自分がよく覚えていないことに気付いた。意志の強そうな大きな目をしていたのは確かだが、それ以外は霞がかかったように思い出せない。

（やっぱり……夢だったのか）

「これ、地開に持っていくの？」

若田が尋ねた。

「はい。でも、きっと皆には喜んでもらえないと思います」

マサトはしばらく黙って自分の書いたフローを見つめた。ただ業務の流れを書いただけのフローからは、何の喜びも不満も、つまり、これから作るシステムで解決される問題が何も浮かんでこない。

（確かにこれは、間違っちゃいないけど正解じゃない）

やがて、マサトはどこか自信ありげな表情に変わった。

「だから、これから地開に聞きに行くんです。ここにいるアクター達が何に喜んで、何を不満に思うのか教えてもらいに」

夢の中でマリアの教えてくれたことはきっと間違っていない。とにかくエンドユーザー、つまり地開と一緒に、皆が喜んで、会社の方針にも適う新しい業務を作ることだ。こんなの外部のコンサルやベンダーが書けることじゃない。

マリアが教えてくれたことは、まだマサトの頭に残っている。というか実際には頭の中に埋もれていた自分の考えを夢が引っ張り出したに過ぎない。

マサトもすでに入社して6年になる。その間に、この会社の業務や、おかしいと思うところ、変えたらいいだろうと思うことが知らず知らずのうちに頭の中に蓄積されていた。要は本当に当事者意識を持ち、勇気を出してそれをアウトプットすることだ。

そして頭の中に沢山の考えを持っているのは、マサト以上に矢吹達、地開の人間だ。それを引き出して自分の考えとぶつけ合い、新しい業務として具現化する。それが業務フローの基本的な作り方であるはずだ。

「すみません。そんな人、やっぱりいなかったですね。とにかくこれから行ってきます」

マサトはそう言ってパソコンを手に立ち上がった。

「まあ頑張ってね。あっそれとさ」

若田が言った。

「なんですか？」

「これ、マサト君のかな？椅子の下に落ちてたんだけど」

若田の手にはハート形のチャームが付いたピンクのボールペンが握られていた。

マサトの顔が青ざめた。

「そ、それ……」

マリアが持っていたものに間違いない。

「随分、可愛い趣味してるんだねえ。それともガールフレンドの？」

（そんな。マリアさんなんて夢の中の……。じゃあなんで？僕の頭、どうかしちゃったのかな？）

「し、知らないっす。そんなの」

マサトは混乱する頭を２，３回振ってから足早に歩き始めた。

Bye♪

真野マリアとはいったい何者だったのでしょう。はっきりしたことはよく分かりませんが、彼女はマサトの心の中にある業務の経験や、会社の風土、習慣、そういったものを引きずり出し業務フロー作りに活かす手伝いをしてくれました。業務フローは読む人に、仕事が変わることへの楽しさやワクワク感を伝えられるものである必要があります。それを作れるのはやはり、実際に業務を行う人達ということになるでしょう。

システム企画で注意すべきこと

情報システムは、もちろん、それ自体が目的で作られるわけではなく、なんらかの必要があって作られるものです。社内の業務量があまりに膨大だから効率化したい、インターネットを通じて、より広く商売を進めたい、法律や制度改正に対応して今までのシステムを変えたい、理由は色々ですが、システム作りは必ずなんらかの業務を対象とします。

なので、新しいシステムを企画するときにはその対象となる業務を図示して、目に見える形にする必要があります。**業務フローなどを書いて現状を見やすくし、この業務の中で何を改善すべきかを考えたり、あるいは今はまだない新しい業務を図にしてみる**ということを行ったりします。これがシステム企画の最初にやるべきことと言って良いでしょう。

ここで気を付けるべきことは、企画するシステムが本当に経営の目的に合致しているかという点です。業務フローを書いていると、新しいシステムによって改善される点などが見えてきます。しかし、**それらがもし、経営の目的に沿わないのであれば、そのシステムは単体としていくら素晴らしく**

ても投資対象とはなりません。

例えば、会社としての経営方針が、今後増えるであろう高齢者の意見を反映した製品の開発と展開だったとします。商品企画部門ではこの為に、多くの高齢者の意見を収集できるシステムを企画したとします。ところが、そこに集まる様々な情報（高齢者の個人情報など）がセールスに利用できるからと、システムに、予定にはなかった顧客データベースを作り、営業職員も使えるようにしたとしたら、それそのものは有効なシステムでも、そもそもの経営方針とは違うものを作ってしまいます。経営方針実現の為に使うべき費用が、営業の為に使われることになり、経営方針実現の為の費用が削られるということにもなりかねません。顧客データベースが欲しければ、それはそれで別途企画して、別のお財布で作るべきでしょう。結果的に、顧客データベースがマーケティング用のデータを使うとしても、その二つは全く別のお財布で作られるものであり、費用対効果も別個に判断されるべきものです。

システムを企画するときには、つい、**あれもこれもと機能を追加しがちですが、あくまで、そのシステムが何の為に作られるのかを念頭に、それに沿わない機能は削除しなければなりません。**

第 2 章

業務フローの作り方　まとめ

- 現場の仕事を一番よく分かっているのは現場の担当者。最初は面倒くさがられても、巻き込めるかどうかで「本当に使ってもらえる」システムになるかどうかが決まる。
- 業務フローで可視化するのは、あくまでも現在の仕事の流れ。新システムのことを書いてしまうとそれに縛られるので、書かない。
- 業務に紐づく「受け取る情報」（＝入力情報）と「渡す情報」（＝出力情報）も簡潔に書いておく。
- 業務フローには、「システム化の範囲外」の業務まで、全て洗い出して書いておく。
- 業務フローは、「きれいに書く」ことが目的ではない。たとえ汚くても、みんながワクワクするものにしよう。

第3章

要件定義への関わり方

ユーザーがシステムで何を実現したいのかをベンダーが聞きとってまとめていく作業が「要件定義」です。ここでまとめられた「要件定義書」を指針としてシステムは作られていくわけですが、もしもユーザーが伝え忘れた機能があった場合、その機能は「絶対に」作ってもらえないのでしょうか?

システムの企画、提案 ▷ 要件定義 ▷ 見積、契約 ▷ 設計 ▷ 実装 ▷ テスト ▷ 納品 ▷ 保守

登場するプロジェクト

会計システムのリニューアル

どんなプロジェクト?

老朽化した会計システムの刷新

この章でできるようになること

・要件定義工程での、ベンダーとユーザーの役割がわかる

・要件定義のうち、ユーザーが決める「業務要件」の整理のコツがわかる

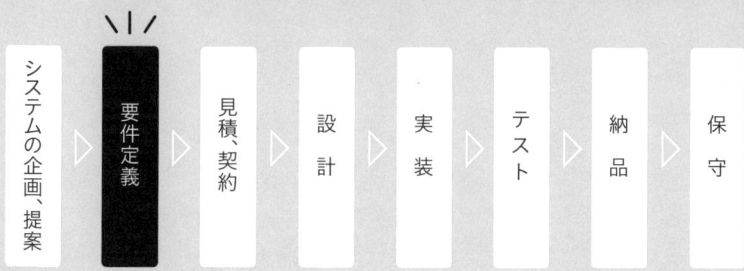

DX室にやってきて4か月ほどたったある日、マサトは豆田からある会議に出席するように言われました。アスカの件で助けてくれた野球部出身の小久保がベンダーと交渉する会議で、マサトはただ話を聞いていれば良いとのことだったので気楽に出席したのですが、応接室で行われていたのは新しい会計システムの要件を巡ってアサヒとベンダー側の弁護士が対立する殺伐とした議論でした。

要件定義書には明記されていないが、旧システムには具備されておりアサヒにとっては必須機能である管理会計。小久保はスケジュールを再調整してでも作って欲しいと頼みますが、ベンダー側の弁護士は法的に見ても要件にないものを作る責任はないと言います。

さて、要件定義書にない機能はどうあっても作ってもらえないのでしょうか。そして要件定義工程におけるユーザーとベンダーの役割とはどのようなものなのでしょうか。

要件定義にないものは作れません!

「ですから、要件定義書にも書いていない機能を作ることなどできません。だったら契約とはいったい何なのですか?」

木原という弁護士の毅然とした言葉にマサトは唾を飲み込んだ。いや、正確に言えば飲み込んではいない。先ほどから口の中はカラカラに乾いており、そのような動作をしても喉にはなんの潤いももたらさなかった。

隣に座る小久保はその言葉への反論が見つからずに、ただ、しかめ面をしており、話し合いの行われているアサヒ住宅販売本社内の応接室は冷たく動きを止めた空気に覆われていた。ただ一人、議事録をとる為に同席した薄羽レイカの目だけがらんらんと輝いている。おそらくこの話し合いの決裂とその後に来る紛争、そこで起こる言い争いやケンカ、物理的にはともかく精神的に流される血に皆が苦しむ姿を期待してのことだろう。

３年前、アサヒは老朽化した会計システムの刷新を決定し、今はＤＸ室とその名を変えた当時の情報システム室に新システムの企画から導入までの全てを命じた。その担当となった小久保主任はシステムの機能や性能などを決定する要件定義を行った後、設計・開発・テストといった後続工程を中堅ＩＴベンダーであるアンサーテクニックに発注した。

プロジェクトはさしたる問題もなく推移していたが、最終のテスト段階となり、実際に動く画面をシステムの利用者である財務部が見たとき、新システムには管理会計の機能が全く具備されていないことが分かった。管理会計は企業の財務・経理情報を分析して可視化する機能で、経営方針を左右する多くの分析結果を出力する。

決算申告書などを作成する財務会計とは異なり、全ての企業にとって必ず必要な機能とまでは言えない。しかし年間売上高１００億を超えるアサヒのような企業は財務会計の分析だけでは企業の強みや弱み、今後の見通しを把握することはできず、これらを行う管理会計はやはり必須の機能と言えた。

そんな重要な機能の開発が行われていないことに小久保が気づかなかったのは、ＩＴ開発を知らない彼が要件定義書を提示したきり設計内容をよく確認せず、定例会議でベンダーからなされる〝進捗は順調です〟〝問題ありません〟という報告だけを鵜呑みにしていたからに他ならない。

ただ、現在使っている会計システムには、この管理会計が具備されており、これがなければアサヒの業務に重大な支障をきたすことはベンダーも知っていたし、契約前にアンサーから提示された提案書には確かに〝管理会計機能の開発〟という文字が見て取れた。

そして小久保が作成した要件定義書には〝原則として既存システムの機能は踏襲する〟との文言も入っていたことから小久保は当然、これが開発されるものと信じていた。

ところが財務部から指摘を受けて、アンサーのプロジェクトマネージャに質問をしたときに返ってきた答えは「要件定義書にない機能は作らない」というものだった。自分の不注意が招いた事態に、小久保はその後何度もベンダーに交渉を試みたものの答えは変わらず、それでもと交渉を申し入れるアサヒに対して、ついにアンサーはプロジェクトメンバーではなく弁護士を送り込んできた。

これ以上問題を長引かせるなら、プロジェクトは中止して契約を解除する。これまでにかかった費用は損害として賠償を求める。これがアンサーの言い分であると木原は言った。プロジェクトはもう最終局面であり相手の求める賠償の額はほぼ全額に近い。このままではアサヒは未完成で使えないシステムに約８億円の費用を払うことになってしまう。

「提案書には〝管理会計〟って書いてあるじゃないか。要件定義書にだって既存システムの機能は実現するように書いてある」

　そう反論する小久保に木原は再び首を横に振った。

「提案は提案であって契約条項ではありません。要件定義書の記載についても、そんな具体性に欠ける書き方では、なんの役にも立ちませんよ、小久保さん」

　頭をかきむしる小久保の隣で、マサトは小さく頷いてしまった。先日読んだばかりのシステム開発の教科書には、〝システムに具備する機能や性能などを決める要件定義は基本的にユーザーの責任で行われる〟と書かれていた。要件定義書に記載しなかった機能を作れというのはムシの良い話のように思えたのだ。

「そんなこと言ったって、このままじゃ使い物にならない」

　小久保の側頭部に流れ落ちる幾筋かの汗にマサトは気づいた。しかし木原は、

「それはそちらの責任であって、アンサーはただ言われたものを作るだけです」

と言って取り合わなかった。

「大体、今日はなんでアンタだけなんだ。プロマネやメンバーがいなきゃ話にならん」

　声を高める小久保にも木原は冷静だった。

「この件は、今後私に一任されることになりました。小久保さんのようにプレッシャーをかける交渉をされる方と話すのは弁護士の方がいい」

「なんだと?」

「要件定義はユーザーの責任です。それくらいのことをご理解いただけないようでは、そもそもシステムを作る資格がないというか……」

銀縁メガネの奥の細い目がこちらを見下すように光った。

「シ、システム入れるのに資格なんかあるか！」

「これ以上、何を話しても無駄でしょうね。今度は法廷ででもお会いしましょうか？」

木原の口元にはうっすらと笑みが浮かんでいた。その目は獲物を見定めた鷹のようにも見えた。

要件定義とは結局、何をすればよいのか

その頃、ＤＸ室では室長の豆田が相変わらずテレワークを続ける日暮をオンラインミーティングに呼び出していた。

「一週間ぶりだけど、元気？」

豆田の言葉に日暮はカメラオフのまま、「ええ、至って」と答えた。

「少しは、外に出歩くとかしてるの？」

「タルいすからねえ。夜には散歩くらいしますけど、昼間は明るすぎますから」

日暮の明るい声に豆田は苦笑いを浮かべた。

「心底、太陽がダメなのね」

「あんな放射線の塊、僕には耐えられません。だから小中学校はカーテン閉めた保健室登校で、高校・大学は夜間。前の会社もこの会社もフルでテレワークが入社の条件でした」

「数学オリンピックで入賞したアンタにシステムを担当してほしけりゃ、それくらいの条件はね」

「いやあ、こんなワガママ聞いてくれる会社なんてそうはないっすよ。就職も転職も結構苦労しました。アサヒには感謝してます」

「でも親御さんも心配されたでしょ？」

豆田の質問に日暮はいいえと言った。おそらく黒い画面の向こうでは朗らかな笑顔で首を振っているのだろう。

「ウチは代々こうですから。父も昼間がダメで仕事は銀座のクラブのオーナーでしたし、祖父は夜専門の警備員でした。祖先は江戸時代の義賊つまり泥棒だったらしいです」

豆田は再び苦笑いを浮かべた。一度くらいは画面の向こうの青年がどんな顔をしているのか拝んでみたいとも思うが、そうした日が来ることはなさそうだ。


「で、今日はなんでしょう？」

日暮が尋ねた。

「ああ、そうだった。日暮君、ウチの会計システム開発が揉めてるって件、聞いてる？」

「ええ。この間、小久保さんが愚痴ってました。管理会計がどうとか」

「うん」

豆田は頷いた。

「それが何か？僕、その手のモメゴトは苦手ですよ」

日暮は生来、太陽だけでなく人との会話、とくに議論や言い争いが苦手だ。

「安心して。メンバーとして加わってくれって話じゃない。この問題の解決はマサトにやらせたいと思ってる」

「……」

豆田の言葉に対する日暮の返事はなかった。

「もしもし、ちょっと聞いてる？」

豆田が言うと、日暮はようやく返事をした。

「ああ、すみません。でも〝あの〟マサト君がそんなモメゴトの解決なんて大丈夫ですか？」

「さあ、分からない」

豆田が笑った。

「じゃあ、どうして？」

「なんか社長がね、マサトにはできるだけ厳しい仕事をやらせろって」

豆田はそう言いながら日暮が眉をひそめる表情を想像した。

「社長が、なぜマサト君のことを知ってるんですか？」

「分からないけど、とにかくそんな話だから失敗覚悟でやってもらうことにした」

「それで、僕は何を？」

■ 図3-1 システム化要件の分類

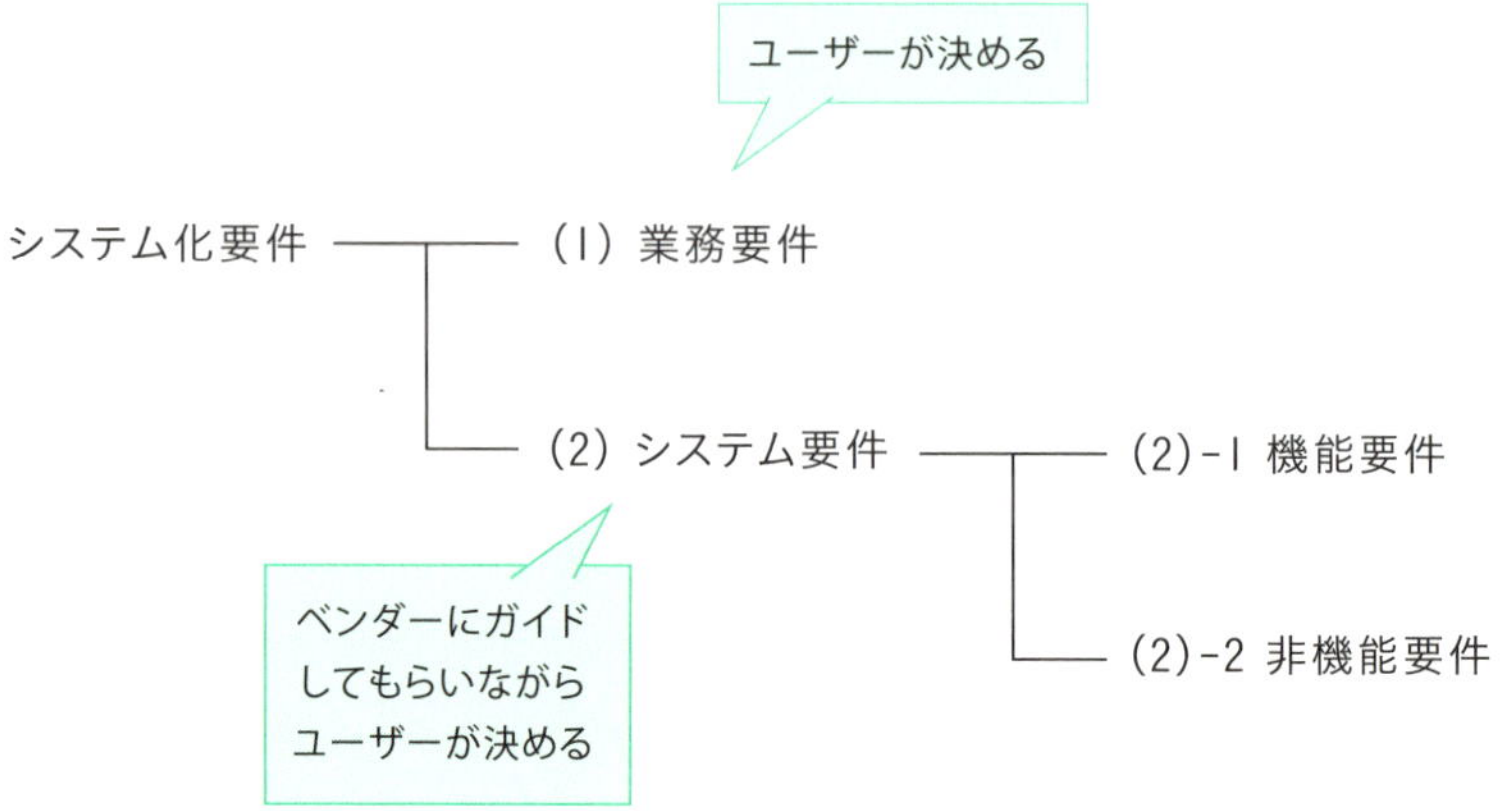

「要件定義ってものをね、マサトに教えてやって欲しいの。なにせド素人だから」

「そういうことですか。いいっすよ。あとで連絡するように言ってください」

日暮は軽く答えた。

その日の夜、マサトは自分の部屋のパソコンからオンラインミーティングで日暮に要件定義の概要を教わった。

「要件は（1）自分達が実施する業務で行うことを明確にする業務要件と、（2）それを支援するシステムが備える特性であるシステム要件に分かれる。システム要件は更に（2）−1システムが持つ機能である機能要件と、（2）−2システムの性能（速度や処理量、データ量など）、使い勝手、耐障害性、セキュリティなん

■ 図3-2 納期検討の業務記述

<<業務詳細>>

①新規の検討指示であるか代替品の検討指示であるか確認する。
（新規の場合）　→　②へ
（代替品の場合）　→　③へ

②カスタマイズの有無を確認する。
（ある場合）　→　⑤へ
（ない場合）　→　⑥へ

③対象製品が現在も取り扱われているかを確認する。
（取り扱われている場合）　→　代替品を営業担当者に提案する。
（取り扱われていない場合）　→　②へ

④在庫数および不足分の生産計画を確認する。

⑤カスタマイズ内容を確認し必要期間を算出する。

⑥③の結果と、必要に応じて⑤の結果から納期を算出する

⑦営業部担当者に納期を回答する

※①から⑦までの業務は最遅でも3営業日以内であること

かを定めた非機能要件に分かれる」（図3-1）

日暮の説明にマサトは目を丸くした。

「あ、あの……それ全部覚えるんですか？」

「まあマサト君みたいな素人さんが、まずやることは（1）の業務要件の定義だね。システム要件は業務要件に基づいて決めるんだけど、それはベンダーさんにガイドしてもらうのがいいよ。だから今日は業務要件についてだけ説明しよう」

「でね、業務要件なんだけどハッキリしたフォーマットが決まってるわけじゃない。でも書くべきことはある程度決まっていて、まずは業務の概要だね。マサト君、前に業務フロー描いたよね？」

「は、はい」

■ 図 3-3 入力情報と出力情報

<<入力情報>>
納期検討指示
　・指示者／依頼先／回答期限
所要情報
　・顧客情報／品名／数量／カスタマイズ要否とその内容

<<出力情報>>
納期情報
　・品名／数量／納期日付／備考
※納期は在庫数、カスタマイズ作業期間により複数回に分かれる場合あり

■ 図 3-4 制約条件と前提条件

<<制約条件>>
本業務の為に新規のクライアントPCは導入しない（既存の業務用クライアントを利用する）。
本業務では個人情報を取り扱う
営業担当者から引合者への回答は電子メールで行う
対象商品の確認は既存の在庫管理システムで行う
・・・

<<前提条件>>
生産管理担当者の扱えるソフトウェアはWord,EXCEL.Outlookのみとする
在庫管理システムはxx年4月に更改するものとする
・・・

「あのときマサト君が参考にしてたフローには一つの箱で書いてあったけど、その箱の中身を書くイメージ。例えば、あそこにあった〝納期検討〟だけど、その中で誰が何をやるのかを細かくするとこんな感じになるよね」（図3−2）

「**今後目指すべき業務の実際をできる限り具体的に書く**。〝新規の場合〟〝代替品の場合〟みたいな枝分かれもね。フローチャートでも描けるけど、複雑な分岐や詳細な情報を書きにくいから、こうした文書にするんだ」

「要は業務の段取りを細かく書くってことですね」

「うん。※に書いてあるような時

間に関する情報やその他の留意事項もなるべく書いておいた方がいいよ。でね」

「はい」

「この業務には入力すべき情報と出力する情報があるよね。そういうのは別の箱を作って書いておく。大事だよこれ」（図3－3）

「細かいことはあとで決まることも多いから**入出力情報を厳密に書きすぎると良くないけど、網羅性だけは保っておきたい**。〝納期検討指示〟とか〝所要情報〟とか、このレベルで抜け漏れがあったら絶対にいけない」

「よ、要注意ですね」

「あとね、これは業務毎じゃなくて、システム開発全体についてなんだけど、〝制約条件〟と〝前提条件〟を忘れちゃいけない」（図3－4）

「制約と前提ですか？」

「うん。どちらも開発プロジェクト内では変更できない与条件みたいなものだけど、**制約条件は、もうそれが動くことのない条件で、前提条件は、今は分からないけどとりあえず仮置きしとく**みたいな感じかな。このあたりの言葉の定義は色々あるけど」

「業務要件定義としてまず考えなきゃいけないのはこの辺だね。あとは、業務周りの情報として、色々あるんだけどデジタル庁が出してる「デジタル・ガバメント推進標準ガイドライン実践ガイドブック」に業務要件定義書のテンプレートがついてるから参考にするといいよ。ここに説明したことに加えて示した方がいいことだけ抜き出すとこんな感じかな」

【参考】実践ガイドブックの業務要件定義書テンプレートの記載事項

（業務実施手順）

業務の実施に必要な体制・入出力情報及び取扱量・管理対象情報一覧

（規模）

サービスの利用者数及び情報システムの利用者数／処理件数

（時期・時間）

業務の時期・時間

（場所等）

業務の実施場所・諸設備、物品等

（業務の継続の方針等）

目標復旧時間

（情報セキュリティ）

情報セキュリティ対策の基本的な考え方

「このあたりを揃えて、あとはベンダーさんと会話すればシステム要件も決まっていくんじゃないかな。ところで会計システム、大変なんだって？」

「ええ。なんか弁護士まで出てきて」

「へえ。ＩＴに詳しいの？その弁護士」

「はい、多分。確か木原さんとかいう」

「木原？」

日暮はそう言ったきり黙り込んだ。

ケンカするほど真剣に

「終わったの？」

マサトが日暮とのオンラインミーティングを行っている間に、芝居の稽古を終えたミズキが缶ビールを持って部屋にきていた。

「うん」

マサトは部屋の隅の机の上に置いたパソコンの電源を落としてから、二人掛けの小さなソファに座るミズキから缶ビールを一つ受け取って隣に座った。

「遅くまで大変だね」

ミズキが首を傾けながら言った。マサトはそんなミズキを振り返ることもなく手に取った缶ビールのラベルをじっと見つめて「なんか厄介なプロジェクトに入っちゃった」と言った。

「厄介？」

ミズキの問いにマサトは今日の会議のことを話した。

「ああいうケンカって苦手だな」

マサトが呟くとミズキは「ケンカなら芝居の稽古でもよくあるよ」と明るい声で返した。

「芝居？」

「うん。台詞の言い回しに演出家がダメ出ししたら、役者が意味分からないって逆切れしたり、舞台のセットのイメージが違うって脚本家が大道具さんとケンカしたり。そういうのよくある」

「そんなケンカして仲良く芝居なんてできるの？」

「それは、お互いに信じてるから」

ミズキの表情はどこか自信に満ちているように見えた。

「良い舞台を作ろうとしているのは同じだってお互いに信じてるから、なんでも言い合える」

マサトは頷いた。システム開発だって真剣だ。今のベンダーも本当に良いものを作ろうという思いはきっとある。しかし……とマサトは思った。

「そうなんだ。システム開発だって皆、いいもの作りたいって思いは同じだろうけど、でもベンダーさんも赤字じゃ仕事できないし」

「舞台だって赤字になりそうなときはあるけど、皆、なんとかやり遂げたいって思うから知恵を出し合う。少ない予算をどうやりくりするか、何を捨てて何を活かすかとかね」

「知恵を出し合う……ね」

マサトは呟いた。会計システム開発では、モメゴトになる前どれだけ議論したのだろうか。ケンカをするほど真剣にプロジェクトの成功を思い、一つになっていたのだろうか。途中からプロジェクトに参加したマサトには分からなかった。

翌日。

「昨日は弁護士さんしかいなかったですけど、アンサーの人達はやっぱりプロジェクトを中止したいんでしょうか？」

マサトは隣の席の小久保に尋ねた。

「そりゃあタダで余計なもん作れっていわれてんだからな」

小久保は自嘲気味だった。

「で、でもせっかくやりかけた仕事を途中で放り出すなんて、やっぱり嫌ですよね」

マサトの言葉に小久保は首を横に振った。

「会社対会社の話だ。そんなモン関係ねえと思うぜ」

「も、もしメンバーの人が作りたいって思ってるなら、なんか良い方法を考えてくれないですかね」

その言葉を聞いた小久保は上半身を捻ってマサトに向けた。

「なんとかして管理会計できないかなんて話はさんざんやってきた。でも、そんな提案はなく、〝できません〟の一点張りだ」

小久保は少しイラついている様子で言うと、再び自分のパソコンに向かった。

「でも、このままじゃウチは大損……」

マサトがそう言いかけたとき、冷えたコンニャクで背中を撫でまわされるような感覚が走った。

「ひいっ！」

マサトが叫んだ。小久保も同じ寒気を感じたらしくマサトと同時に背後を振り返った。眉毛の上にかかった前髪の下で二つの切れ長の目を光らせた薄羽レイカが立っていた。今日のアイラインは緑色だ。

「このまま終わったらつまらない」

レイカが例によって抑揚のない声で言うと、十数枚の紙の束を二人の席の間にパサっと置いた。小久保の顔はマサトと同じように青ざめている。

「お前、頼むから、こっち来るときは10mくらい向こうから〝これから行きまあす〟とか言ってくれ。心臓がいくつあっても足りねえ」

レイカは小久保を一瞥した後、マサトの方を向いて、

「要件の不備は全部ユーザーの責任なんて本当？」

と言った。

「まだまだ戦え。血反吐を吐くまで」

レイカはそう言うと長い髪を翻して自席に戻っていった。書類には〝**東京地方裁判所平成16年6月23日判決**★〟というタイトルが記されていた。

★POINT 要件定義書にない機能をベンダーが作る必要があるかが争われた裁判。

ユーザーに求められる姿勢

同じ日、豆田が江守専務に呼ばれた。

「さっきね、アンサーの社長から連絡があった。契約を正式に解除したい。これまでかかった8億を精算しろってさ」

江守は専務室に入った豆田を立たせたまま、自分は革張りの椅子に深々と座って言った。豆田は

「そうですか」とだけ言った。

「アンタ、どうする気？」

江守は怒気をたっぷりと含んだ笑顔を豆田に向けた。

「要件定義に不備があり、開発中もそれに気づかなかった我々の落ち度です」

豆田の冷静な物言いは江守を一層いらつかせた。

「我々？落ち度があるのはＤＸ室よね？豆田室長よね？」

「処分はいかようにも」

こんな時、江守に何を言い訳しても火に油を注ぐだけであることを豆田はよく知っていた。

「ふん」

江守が鼻から息を吐いた。

「アンタはそれで済んでも、こっちは株主総会でつるし上げられた挙句、下手すりゃクビだわ」

「申し訳ありません」

豆田は上半身を90度折り曲げて頭を下げた。江守はその様子をじっと見つめてから、「アンタさ」と言って一旦息を吸った。

「本当は何か手を打ってるんでしょ。そんな落ち着いた顔して」

豆田は小さく首を振った。

「いえ、何も。ただ新任の担当者に賭けてみようかと」

「内田マサト……泰平ちゃんに言われて担当にしたのよね。あんなの役に立つの？」

「分かりません。だから賭けなんです。でも彼は不思議と周囲の人間が助けたくなるような変な人徳みたいなものがあります。もしかしたらベンダーも彼の為なら何か解決策を考える気になってくれるかもしれません」

「そんな子供の漫画みたいな甘いこと」

江守は首を横に振ったが豆田は続けた。

「上から目線でなくベンダーと仲間になろうと思う。知ったかぶりせず相手の話は先入観なく聞き、学ぼうとする。我々ユーザーに求められる姿勢のように思います」

「内田にはそれがあると？」

江守の問いに豆田は頷いた。

「はい。担当の小久保は新しい業務をこうしたいという強い意志と夢を持てる男です。ただ、今申し上げたような部分が欠けています。内田にはそうしたところがある。それにベンダーの愚痴や悩みもよく聞き、よく考えてくれる人だと信頼される。多分、彼はそういうタイプの人間です」

「ベンダーにそこまで気を遣う必要ある？」

「仮に小久保が相手を論破して作業を続けさせても、ベンダーのモチベーションが下がってうまくいかないと思います。内田の情けなさは我々の一種の武器です」

「〝我々〟じゃなくてアンタでしょ？」

江守の表情に幾分かの柔らかさが戻った。

「先ほどのお話からすれば、私と、クビ寸前の江守専務の望みかと」

豆田の言葉に江守は声を上げて笑った。

現場の期待を胸に

レイカのくれた裁判例をしっかり読もうと思ったマサトが、まずはと缶コーヒーを買いに廊下に設置された自動販売機の前にやって来ると、そこにはペットボトルを手にした男が立っていた。

「おお、マサト」

同期入社で財務部にいる植田タツヤだった。

「あっ植田君。元気？」

彼とは新人の頃、よく仲間内で飲みに行った仲だが、最近は多忙で顔を合わせることも減っていた。二人はしばらく共通の友人の現況などの話をしていたが、やがてタツヤが思い出したように言った。

「そういえば、お前DX室だよな？ウチの新会計システム、やばいらしいじゃない」

マサトは思わず視線を落とした。

「う、うん。ウチの要件定義書がまずかったらしくて。で、でも交渉してるから」

徐々に小さくなるマサトの言葉にタツヤが言った。

「しっかりやってくれよな。今の管理会計は部門毎の業績評価や将来の収益予測が簡単にできて本当に便利なんだ。あんなの今更エクセルじゃ無理なんだから」

「う、うん」

「いいシステムができそうだって財務部の皆は期待してるんだけどな」

「そうなの？」

「ああ。ベンダーの提案、操作が分かりやすいし色んなチェック機能が充実してる。処理も格段に速くなるからこれなら残業が減りそうって喜んでた」

「そうなんだ」

「とにかく頑張ってくれよ。今更、古いシステム使い続けろなんてならないように」

タツヤの言葉に、マサトが思いついたように言った。

「あのさ、あとで財務部に行っていいかな。ちょっと皆に話を聞いてみたいんだけど」

マサトがタツヤと廊下で話をしていた時、小久保はレイカから渡された判決文を手に豆田と話していた。

「そういうこと……」

小久保の話を聞いた豆田は小さく頷いてから、「もう一回、アンサーと話をする価値はありそうね」と言った。

ユーザーとベンダーの基本的な役割

「まだ何かありますか」

数日後、再びアサヒの応接室に呼び出された木原が不機嫌そうに言った。その姿に、やはり議事録を取る為に出席していたレイカの目が期待に輝いた。今回はアンサーのプロジェクトマネージャである羽鳥和正と技術リーダーの山中輝夫も一緒だ。

「契約の解除と損害賠償。いくら話しても当方の意思は変わりませんが」

木原の言葉に羽鳥と山中も硬い表情で小さく頷いた。

「当社としては続けて欲しいと思っています」

豆田は冷静な表情を崩さない。

その言葉に山中が「管理会計抜きなら……」と答えかけるのを木原が「いやいや」と遮った。

「もはや御社との信頼関係は崩れています。作業継続は困難です」

「羽鳥さんもそう思のか？」

小久保の問いに羽鳥は「はあ、まあ」とバツが悪そうに答えた。その答えに小久保は首を捻ってから木原の方を向いた。

「弁護士さんさ。なんか勝手に事を荒立てようとしてないか？」

その言葉に木原は黙ったまま小久保を見つめた。特に返答するつもりもないようだ。すると豆田が木原の前にレイカがくれた判決文を差し出した。

一瞬、木原の顔がこわばったようにマサトには見えた。

「これね。平成16年のＩＴ裁判の判決なんだけど……」

豆田の示した裁判例はある旅行会社が航空券の発券システムをＩＴベンダーに発注したが、開発されたシステムには発券業務に必須の「遠隔操作機能」が含まれていなかったことが問題となったというものだった。この機能については、従来のシステムには具備されていたものの新システムの要件には含まれていなかった。

羽鳥が言った。

「今回の件と似てますね」

「裁判所の判断はこの部分です」

豆田が判決文のある部分を指さした。

遠隔操作機能は旅行商品販売業務を行う上では不可欠の機能であり、（中略）契約内容に含まれていたと考えるべき。（後略）

「この判決をもう少し読み下すと、〝**コンピューターシステムはユーザーの業務に寄与するために開発するものであり、明示的に定義されていなくても、業務に不可欠なものは立派な要件である**〟てことになりますね」

豆田はそこまで言うと一度息をついた。

「そんな……要件定義書に書かれてないものは作りようがない」

羽鳥が言った。木原は先ほどから黙ったままだ。その様子を見ながら豆田が続けた。

「確かに要件はシステムに具備する機能や性能なんかを余すところなく定義すべきです。しかしユーザーは素人です。システム作りに必要な要件というものをどのようにどこまで書くのかは分からない。だから**要件が必要かつ十分であるかを確認するのは専門家であるベンダーの役割です**。不備があるなら指摘して是正を促さなければならない」

「そんな。ベンダーの役割は要件通りにシステムをつくることでしょう」

羽鳥の反論に豆田は首を横に振った。

「他の判決でも言っていますが〝契約の目的に資する〟、つまりユーザーの業務に役立つものを作ることです。だから要件に不備があれば専門家として指摘する責任がある」

「じゃあ、ユーザーの役割はどうなるんです？」

山中が言った。

「ユーザーにはシステム化の背景と対象、解決したい課題や実現したいことを余すことなくベンダーに提示することが求められます。無論、その間に行われる社内の意識統一やその他必要な情報を提供することもユーザーの役割です。**そうして示された要件の網羅性、正確性、十分性、詳細性等は専門家であるベンダーが確認する必要があります**」

羽鳥と山中は黙り込んだ。小久保の視線がそっぽを向く木原に移った。

「アンタは弁護士なんだから、これくらいのこと知ってるよな？」

木原が鼻から小さく息を漏らした後で口を開いた。

「そんなのは一地裁の判決に過ぎない。私だったらこれくらいの判決をいつでも覆せる」

豆田が木原に小さく微笑んだ。

「裁判にします？アナタ、本当はやる気ないでしょ」

その言葉に木原が眉をひそめた。

「木原先生、お久しぶりです」

突然、応接に設置されたモニターの黒い画面の向こうから日暮の声が聞こえた。日暮はマサトからこの紛争に木原が参加していると聞くと突然、会議に出席しても良いと言い出したのだ。

「先生、この判決よくご存じですよね。私の前の会社、やっぱりユーザー企業でしたけど同じような問題がベンダーとの間に持ち上がって、その時、ベンダー側の弁護士だったのがアナタだった」

「誰？」

木原の顔がみるみる青ざめるのがマサトにも分かった。日暮は答えずに続けた。

「アナタは今回と同じように要件定義の責任はユーザーにあると言って開発費用を僕の会社に払わせた。それで経営が悪化した僕の会社は後に大規模なリストラを行って僕もその被害者の一人ってわけです」

「そんなのは、私の知ったことじゃない」

木原の声が高くなった。

「ええ。でも後で調べたら今回の件と同じように要件の不備にはベンダーの責任もあるとする判決がゴロゴロ出てきました。アナタはそれを知っていながら、つまりベンダーが必ずしも勝てると限らないと知りながら、裁判を起こすとユーザー企業を脅して損害賠償を巻き上げ、その一部は自分のポッケってわけですよね」

「わ、私はただ依頼人の為に全力を尽くしただけだ」

木原の言葉に豆田が重ねるように言った。

「本来、自分達に責任があるのにそれを認めず、法律もITも知らないユーザーを脅して損害賠償を巻き上げる。そんな企業だと業界内に広まれば、アンサーさんの被害は計り知れない。そのどこが依

頼人の為なの？」

「木原さん、どういうことですか？」

今度は羽鳥と山中が鋭い視線を木原に向けた。

すると木原は急に立ち上がって、「次があるのでこれで失礼」と言うが早いか、席を立って応接を出て行ってしまった。

要件変更への対応

日暮の様子は分からないが、応接に残された6人はしばらく何も言わずにお互いの顔を見合わせていた。やがて小久保が「よっしゃ、もう一回、気を取り直してシステムを完成させるってことで」と笑顔で言った。しかし羽鳥は再び難しい顔になり、

「いや、お話合いは続けますが管理会計の部分は……」

と難色を示した。見積にない管理会計の追加はベンダーにも大きな損失になるし、メンバーにも予定外の作業を強いることになる。

「あの」

しばらくの沈黙の後、マサトが言った。全員の視線が自分に注がれたことにマサトは息をのんだが、すぐに気を取り直して話を続けた。

「僕、財務部に話を聞きに行ったんです。同期から財務部はこのシステムを楽しみにしてるって聞いて。そしたら本当にみんな期待してて」

「期待……」

山中が呟いた。

「これが入れば仕事が楽になる、もっといろんな分析ができるし、残業も減る。みんなそう言ってました。だから絶対頑張って欲しいって、そう言われました。み、みんなが楽しみにしてるモノを作るって、それが一番じゃないですか?」

羽鳥と山中は黙ったままマサトの言葉を聞いていた。

「僕、以前は営業部にいました。その時は、もちろん売上とかも気になりましたけど、一番うれしかったのは家やマンションの売買がうまくいったときのお客さんの笑顔でした。それこそが仕事だって思ってました。技術者の人たちも自分の作ったものでお客さんが喜んでくれるのが一番じゃないですか? ほ、誇りとかになりませんか? 中途半端に仕事をして逃げるように引き上げちゃうのって、これからずっと傷になりませんか?」

マサトの言葉に小久保は眉をひそめて、

「そんな義理人情の話してどうすんだお前」

と言ったが、その前に座る山中は「いえ」と小久保を遮った。

「確かに私達もお客さんが喜ぶものを作りたいです。システム開発は普段、お客さんの顔を見ずに仕事をするので忘れがちですが、良いものを作れば誇りにもなります」

山中はそう言って羽鳥の方を見た。羽鳥は何も言わずにマサトの顔を見つめていた。

「お願いします。な、なんとか開発の方法、皆が喜んでくれる方法を一緒に考えてくれませんか」

頭を下げるマサトに小久保が「お前、そんな情けない恰好……」と言いかけたが、豆田が小さく首を振って小久保を制した。

「それは我々だって、あんな判決もあることですし、やれるものならやるんですが」

羽鳥がそう言ったきり黙り込んだ。すると小久保が口を開いた。

「なるほどな。いい仕事なら俺もしてみたい。羽鳥さん、管理会計入れる代わりに削れる作業はないかな」

「削る？」

羽鳥が小久保の方を向いた。

「ああ。運用系とか、あまり使わない機能とか、そういう機能のテストってまだだろ?そういうのはリリース後の運用支援の中でやってもらうとして、その分管理会計機能をこれから作って貰うとか」

「確かに多少の時間と労力を管理会計に回せますが」

首を捻る羽鳥に山中が言った。

「分割リリースはどうです?すぐに使う機能から作り次第リリースできれば、事実上業務への影響はないでしょ」

「ああ、それでもいい」

小久保が言った。

「会計システムには日々の入出力の他、一年に一度、半年に一度しか使わない機能もあるし、そういうのを後回しにすればなんとか管理会計を作れるだろ。機能やデータは今のままでいい。本当はもっとやりたいけど、そういうのは、また別にちゃんとやるとして」

「リリーススケジュールの調整はこちらが責任を持って行います」

豆田が言った。

「分かりました」

羽鳥が言った。

「機能の削除と段階リリース、それに作業の効率化もこちらで考えてみます」

和やかな雰囲気に舌打ちをするレイカを他所に、残る5人の顔に笑顔が浮かんだ。おそらく画面の向こうの日暮も同じだろう。

システムの要件はユーザーの業務目的と結びついている必要があります。しかし素人であるユーザーにはこれを正確に表現することが難しく、ベンダーにはそれを支援する責任があるとする判決はいくつも出ています。ただもちろん、何もかもがベンダーの責任というわけではありません。ベンダーの指摘に耳を傾け必要な判断を的確に行うこと、必要な情報はタイムリーに伝えること、そしてなによりユーザーの期待をベンダーにも共有してもらうことがユーザー担当者には求められます。

システム開発の標準

ＩＴの開発・導入に関する手順というのは法律で決まっているわけでもなく、業界内のＩＴベンダーが等しく使用する統一的なものもありません。大手ＩＴベンダーは、皆それぞれに自分達の開発手法やプロジェクト管理手法を持っていて、それぞれの現場に持ち込んだり、それをお客さんであるユーザーに合わせてカスタマイズして使ったりするので、実際には開発・導入手順というのはバラバラです。例えば、本書の中では「基本設計」と呼んでいる工程の名前も、「概要設計」と呼ばれたり「外部設計」と呼ばれたり様々ですし、そこで作られる設計書類の名前も、なんとなく似てはいますがバラバラです。同じ文書名なのに違うことが書いてあったりもします。なので、メガバンクのようなしっかりしたシステム部門を持っているユーザーを除けば、多くは基本的に**ベンダーが持ち込む手順の説明を受け、それに多少のアレンジを加えるか、そのまま使う**ということになります。

とは言え、業界内に全く標準的な手順を記述したものがないのかと言えばそうでもありません。ユーザーも参考にできて、必要な事項が一通り書かれている文書もあります。

一つは、独立行政法人情報処理推進機構が刊行している**「共通フレーム２０１３」**（https://www.ipa.go.jp/publish/secbooks20130304.html）です。システムの企画から要件定義、設計・開発保守・

運用までの手順が、ユーザーでも分かるよう比較的平易な言葉で書かれています。なるべく広範な開発や保守・運用に向けて書かれているので、多少〝総花的〟なところもあり、実際、これに従って開発や保守・運用を行う上では、不要な部分を削除する必要がありますが、全ての工程について分かりやすく書かれていますので、そもそもシステムの開発や保守・運用とはどういうことをすべきなのかを学ぶのにも有効な文書かと思います。

もう一つあるのは、デジタル庁が出している**「デジタル社会推進標準ガイドライン」**（https://www.digital.go.jp/resources/standard_guidelines/）というものがあります。実は、これの執筆には私も参加しているのですが、システム開発において実施すべきことが共通フレーム２０１３よりも具体的に書かれており、各種ドキュメントのサンプルなども用意されています。基本的に、政府内の情報システム開発の為に書かれている文書ですが、不要な部分を削除すればどの組織の開発にも役立つと思います。

要件定義の役割分担・責任分担

システムにどのような機能や性能その他の特徴を持たせるのかを決めるのが要件定義です。

この要件定義については、その責任と役割は発注者であるユーザーが負うということがよく言われます。確かに、どんなシステムを作って欲しいのかを発注者が指示しなければシステムを作りようもありませんから、この言葉は一概に間違いとは言い切れないのですが、実際にシステム開発を行ってみると、少なくとも「その役割はユーザーである」と断じてしまうのは乱暴に過ぎると感じるのではないでしょうか?

本文中にもありますが、システム化の要件は「業務要件」と「システム要件」に大別されます。**業務要件というのは読んで字の通り、このシステムの導入によってどのような業務を実現したいのかということを明らかにすること**で、例えば〝営業職員が担当する顧客の取引履歴をいつでも、どこからでも入手できるようにする〟といった具合にユーザーの業務上の振る舞いや、彼らの享受できる便益などを記します(これは必要に応じてシステム化の対象外の業務も書くことがあります)。一方で**システム要件というのは、もっと具体的にシステムがどのような動作をするのか**などを定義します。

〝ユーザーが検索画面から入力した顧客IDをキーに顧客管理データベースの取引履歴テーブルを検索し、取引年月日順にWEB画面の新規タブに表示する〟と言ったような書き方をするのですが、これにはユーザーが独自に決められないものも含まれます。どのようなデータベースを定義するかについては、知識のないユーザーには理解できないかもしれませんし、知識があっても勝手に決めることはできません。これらはベンダーの知識と設計方針などがないと決められない要件ということになります。一方で、〝WEB画面の新規タブに表示する〟というところは、見た目の問題ですからユーザーの希望をベンダーが技術的に可能であることを確認することで定義されるものかもしれません。

つまり、システムの要件の中でも**業務要件はユーザーが決めるが、システム要件はベンダーが実質的に決めなければならない部分もある**ということです。

無論、やはり要件は注文の内容ということになりますから、最終的には発注者であるユーザーが、その正しさに責任を負うべきですが、**特にシステム要件についてはベンダーが作成し、これをよくユーザーに説明した上でユーザーが合意する**というのが、多くの場合において現実的です。

業務要件定義の役割と責任はユーザーが負うが、システム要件を作る役割の多くはベンダーが担い、最終的に責任を負うのがユーザーであるというのが正しい理解ではないでしょうか。

第 3 章

要件定義への関わり方　まとめ

- 要件定義で決めるべき要件には、①業務要件と②システム要件の２つがある。
- 要件定義では、「絶対に変更できない条件＝制約条件」と「仮置きの条件=前提条件」も定義しておくことが大切。
- ユーザーには、システムで実現したいこととその背景を余すことなくベンダーに提示し、必要な情報を提供する義務がある。
- ベンダーには、ITの専門家として、ユーザーが示してきた要件が「ユーザーが役に立つシステム」を得るために必要十分であるのかを確認する義務がある。

情シスに必要なメンバー

ある日、マサトは豆田室長から飲みに誘われました。DX室に馴染めそうかという会話から、そもそも企業の情報システム部門にはどんな人間が必要かという話題になりました。


「どう？ DX室」

豆田はそう言って、中ジョッキの生ビールを美味しそうに飲んだ。尋ねられたマサトは持ち上げたジョッキを一旦戻した。

「な、なんか。ちょっと意外だったですね」

「意外？」

「日暮さんやレイカさんはITに詳しくてDXにぴったりだと思うんですけど」

「小久保や若田、それにアンタとかITに詳しくない人間もいるってこと？」

「は、はい」

「もしも、DXのメンバーがみんなITに詳しい人間だったらどうなると思う？」

「そりゃあ、皆、ベンダーとも渡り合えて、どんどんモノづくりができそうな」

「ベンダーと一緒にコンピュータのことばかり考えて、業務やそこで働く人の苦労を知らずに勝手なモノづくりをはじめちゃわない？ 本人達にそのつもりがなくても、無意識のうちに、新しい技術や逆に安全な技術に目がいって、本当に業務に必要なもの、本当にシステム化すべきこととは別のものを作り始めるかもしれない」

「そう……かもしれませんね」

「だから小久保みたいにＩＴより業務を知ってる人間が必要。ＩＴを主役と考えないで、あくまで道具、文房具だって思える人間がね」

「ＩＴはおもちゃでも主役でもないですもんね。あくまで仕事は人間がする」

「無論、世の中にはネット通販みたいなＩＴありきの仕事もあるし、これからも増えていくけど、それでも買い物をするのは人間で、売上に喜ぶのも人間。それを忘れちゃいけないし、小久保はそういう人間臭いところがあるから」

「でも日暮さんみたいなスキルのある人はやっぱり必要ですよね」

「もちろん。彼がいなきゃベンダーと渡り合えないし、システムの構想も設計もできない。ベンダーが設計や製造をやるにしても、それが正しいかの確認も彼じゃなきゃできない」

「そうですよね。小久保さんじゃ無理ですね」

「でも小久保には魅力もある。体育会出身らしく熱いところがあってね。会社の業務を俺が変えてやろうみたいな、まあ甘いけど、それでも子供っぽく夢を追える。そういう無邪気で熱い人間も必要」

「若田さんもそうですか？」

「あれはＩＴも業務も知らない。別に仕事に熱意もない」

「じゃあどうして？」

「あの能天気なポジティブさもいいかなって思ってね。ITプロジェクトってコストオーバーやら技術不足やらのリスクが山積みじゃない？」

「そうですね。むしろ何も作らない方が楽じゃないかって」

「日暮みたいな技術屋はリスクが分かる分だけ尻込みしがち。それでも、やるしかない時がある。だから若田みたいに能天気な、とにかくやってみようっていう前向きな考えの持ち主が絶対必要なの。周りからは、考えの浅いノリだけの軽いヤツって思われても、いいと思うものはやってみようっていうね」

「日暮さんみたいなITを知る慎重派と若田さんみたいなポジティブ派が両方必要ってことですか？」

「そう。とにかくやろうよって若田が言えば、それは危ないですよと日暮が言う。じゃあリスクを最小限に抑えて、それでもなんとかモノづくりをするにはどうしたらいいかって方向に話が向く。車のアクセルとブレーキね。両方が必要」

「レイカさんはどうなんでしょう。ITには詳しいみたいですけど、普段そういう仕事してないですよね？」

「アスカのときも、会計システムのときも、彼女は一時の雰囲気に流されず、常に冷静。それに裁判例持ってきたりして、常に客観的なファクトで物事を解決しようとする。DXには一番必要な人間かもしれない」

「一定の技術のある人、業務を知る人、改革に情熱のある人、ポジティブでいられる人、冷静にファクトベースでモノを考えられる人。そういう人達の集まりってことですね」

「そ。私が色んなところからかき集めてきたんだけど、結構いい線いってると思うわ」

そこまで聞いたマサトは、「そうかもしれないですね」と頷いてから、しばらく考えて「あの」と言った。

「何？」豆田は、すでに顔がだいぶ赤くなっている。

「それで、あの、ぼ、僕は？」

「僕？」

「僕は、その、どんなところがＤＸに向いてるんでしょうか？」

「えっ？いや、アンタは営業部から押し付けられ……いや、なんでもない」

豆田は慌てたようにまたジョッキを持ち、ぐっとビールを飲み込んだ。

「えっ？あの、ぼ、僕はなんか特徴とかいいところとか……」

マサトの顔が徐々に真剣になるが、豆田はそれきり何も言わなくなった。

「室長！」

第4章

プロジェクト計画の作り方

スケジュールの遅延を皆で共有し、遅れを取り戻さなければと思わせるもの。それが「プロジェクト計画」です。

システムの企画、提案 ▷ 要件定義 ▷ 見積、契約 ▷ **設計** ▷ 実装 ▷ テスト ▷ 納品 ▷ 保守

登場するプロジェクト

人事システムのリニューアル

どんなプロジェクト?

陳腐化した旧システムの改修。同時にテレワークや育児・介護支援制度など、新たな制度に対応する機能を設ける。10億円を超える大規模プロジェクト。

この章でできるようになること

・「プロジェクト計画」と「プロジェクト管理計画」の書き方がわかる
・ベンダーの作業の進捗を定量的に把握する方法がわかる

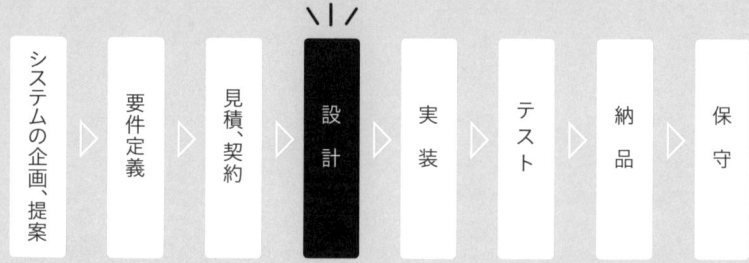

マサトがＤＸ室にやってくる数か月前、アサヒでは人事システム開発がスタートしていました。ＤＸ室はメガバンクの情シスから中途入社した角田をこのプロジェクトの支援に充てていましたが、彼の示すプロジェクト計画案や管理はあまりに項目が多く、ベンダーもユーザー部門である人事部も、これに従おうとはしません。結局、ベンダーの示す簡素なプロジェクト計画に基づいてプロジェクトはスタートしますが、結局のところ進捗は大幅に遅延してしまいます。豆田室長はこの時点で新たに若田とマサトを支援要員としますが……。

さて、ベンダーの持ってきた計画書にはどんな不備があったのでしょうか。そしてそもそもプロジェクト計画というものにはどのような意味とチカラがあるのでしょうか？

プロジェクト計画には何を書く？

「これは、ちょっとプロジェクト計画としては過多ではないですか？」

ＤＸ室の角田一路の示した一枚の紙片を見ながら中堅ＩＴベンダー　ハップハザードの則田プロジェクトマネージャが首を捻りながら言った。

「ＤＸ室の考えるプロジェクト計画の項目」という表題のつけられた資料には、一般的なシステム開発において立案されるべきプロジェクト計画が羅列されている。

もっとも〝DX室の考える〟という枕詞は付けられているものの、その記載項目は角田が自分自身の知見に基づいて記したものであり、室内で合意されたものでもオーサライズされたものでもなかった。ただ角田は前職であるメガバンクの情報システム室にいたときからアサヒのDX室に転職した現在に至るまでの日々、プロジェクトの計画と管理について研鑽を続けており、その方面の知識についてはDX室内に右に出る者はいなかった。その為、室長の豆田も彼の文書や言動に口を挟むことは滅多になかった。

「否《いな》」

角田は黒ブチメガネの奥の小さな目を真っすぐ則田に向けた。

「正確には〝プロジェクト計画〟と〝プロジェクト管理計画〟ということになりますが、世のプロジェクトマネジメントの様々なガイド類および小職の銀行時代の経験、さらには数多くの大手ITベンダーの持つプロジェクトマネジメント規則等を照覧・研究するところ、いやしくも本件に比肩《ひけん》する規模の情報システム開発において、これらの管理はいずれも必須と思料いたします」

その言葉にミーティングに参加した8人のメンバー達は一様に黙り込んだ。

マサトがDX室に異動となる3か月ほど前の1月にアサヒ住宅販売では人事システムの刷新プロジェクトがまさにスタートしようとしていた。導入からすでに5年が過ぎようとしていた旧システムは未だにＷＥＢでの操作ができないなど陳腐化が目立っており、導入コストや業務改善およびセキュリティの観点からも刷新は必須であった。

新システムには昨今増えてきたテレワークやアサヒが最近大幅に見直しを行った育児制度、介護支援制度への対応等行うべき作業も多く、プロジェクトは10億円を超える大規模なものとなった。

アサヒはこの開発を旧システムのベンダーだったハップハザード社に依頼することとなり、この日はプロジェクトキックオフの為の事前打ち合わせが行われていた。

開発プロジェクトはユーザー部門である人事部がＩＴベンダーに発注する形式で行われ、ＤＸ室は直接に関わりは持たなかった。

しかし、システム開発の〝イロハ〟も知らない人事部だけでは心もとないと考えた豆田は、プロジェクトの計画とその後の管理に関するオブザーバーとして角田を送り込んだ。人事部やＩＴベンダーの作業に問題があるようなら指摘して、是正の提言をするように、というのが角田に与えられた使命だった。

その角田も参加した初回の打ち合わせでは、ハップハザードの則田と3人のメンバーが人事部の担当者にプロジェクトの計画について説明した。彼らの示した計画書の主要な項目は概ね以下のようなものだった。

〈ハップハザードが示したプロジェクト計画書の目次〉

・プロジェクトの背景と目的・方針
・プロジェクトのスケジュール
・プロジェクト体制
・進捗の管理計画
・リスクおよび課題の管理計画

示された計画は旧システム開発の際とほぼ同じ内容であり、人事部のメンバーからも特に異論は出なかった。しかし角田は若干髪の生え際が後退した大きな頭を左右に振って、「この規模のプロジェクトにしては計画が薄弱にすぎます」と言った。

「薄弱……と申しますと」則田が尋ねた。

角田は「今日はプロジェクト計画の話ということで参考になればと持参した次第」という言葉と共に、A4の紙片を参加者達に配った。

〝プロジェクト計画書目次案〟と題したその紙片にはハップハザードの提出した計画をはるかに上回る数の項目が並んでいた。

〈角田が示したプロジェクト計画書の目次〉

★プロジェクト計画部

・組織の目的
・目的達成の方針
・ロードマップとプロジェクトの位置づけ
・KGI・KPI
・スケジュール
・体制と役割
・要員計画
・スキル育成計画
・外部委託計画
・開発のライフサイクル
・作業成果物一覧
・品質計画

★プロジェクト管理計画部

・進捗管理計画
・リスク管理計画
・課題管理計画

・変更管理計画
・構成管理計画
・欠陥管理計画
（各項目の説明は本章の付録ページ参照）

自らの示す計画項目に比べてはるかに多い角田の案に、ハップハザードのメンバーとユーザー部門である人事部のメンバーも目を丸くした。

〝管理の為の管理〟と言われようとも

「これは、ちょっと本プロジェクトには過多ではないですか？」

「必要なものを必要と申し上げている次第」

そう言う角田の視線は則田を真っすぐに見たまま動かなかった。則田はその視線を避けるように人事部でこのシステム開発の責任者を務める谷川人事課長を見た。

「私共といたしましては、これだけ多くの計画に基づく管理を行う前提で開発工数のお見積りをいたしておりません。これらの管理を全部やるとなりますと、おそらく追加のプロジェクト管理工数、つまり費用が……」

「ええ？」

谷川が声を上げた。

「そら困るよお。もう予算は確定しちゃってるんだから」

谷川は眉間に深いしわを寄せながら唇を尖らせると角田の方を向いた。

「こっちは素人でよく分からないけど、他のプロジェクトでもみんな本当にこれを全部やってるの？」

その言葉に角田が答える前に則田が口を挟んだ。

「我々の会社のプロジェクトでは、ここまでの管理は行いません。確かにプロジェクトマネジメントの教科書にはこうしたことが書かれてはおりますが、そこまでしなくともプロジェクトを成功させることは可能と存じます。事実、旧システムの開発でもここまでは行いませんでした。こういうことは……無論、角田様のご提案がそうだという訳ではございませんが、一般論として管理者の自己満足と申しますか、所謂〝管理の為の管理〟★となってしまう危険もございます」

その言葉に谷川は小さく頷くと再び角田の方を向き、

「〝管理の為の管理〟だってさ」

と言った。

谷川だけではない、その場にいた人事部とハップハザードのメンバー、つまり角田以外の全員が頷いた。

「では伺いますが」

★POINT　管理を十分に行おうとするあまり、管理対象の業務に支障を来すほどの管理資料作成や報告などを義務付け、管理担当者だけが満足するような状態。

角田は一つ咳払いをしてから続けた。

「御社のメンバーの中には前回の人事システム開発に入っていない方もいらっしゃいますよね？」

「それは、5年も経っているのですからもちろん」

則田が答えた。

「そうした方々に既存システムや当社の業務について必要な知識を得ていただくにはどうするのですか？」

「まあ、そのあたりを知っている人間にレクチャなどさせてですね」

「誰にどんなレクチャが必要か、現時点で分かっているのですか？」

「それにつきましては今後、メンバーと会話をして」

それを聞いた角田の目が光った。

「では、現時点ではどのようなレクチャがどれほど必要か分かっていない。レクチャをする側、される側がどれだけの工数を割かれて、どれくらいスケジュールに影響するか分かっていないわけですよね？今、御社の提示するスケジュールはそうしたことを考慮していないということですよね？」

「それは……」

則田は言葉に詰まって隣に座る自社メンバーに視線を向けたが、則田に同行した3人のメンバーは少し首を傾げるばかりで何も答えようとはしなかった。

「本来なら、計画を立てる時点でメンバーのスキルをアセスメントして、それに必要なレクチャや研

修、あるいは当社メンバーによる説明なども明らかにしてスケジュールに反映すべきではないですか？」

「まあ、理想ではそうですが……」

「そう言ったことを明確に記しておくのが、ここにある〝スキル育成計画〟です」

すると角田の隣で聞いていた谷川が口を尖らせた。

「そんなのは計画書に書かなくてもベンダーさんの方でなんとかするもんじゃないの？」

「プロジェクト計画は我々ユーザーも全て納得して合意する必要があります」

「そりゃ、確認はするけどさ。でもベンダーさんがそんなにおかしなものは作らないと思うんだよね」

そのとき、角田は初めて姿勢を変え、谷川を真っすぐに見据えた。

システム開発は未知の航海、計画は羅針盤

「**ベンダーはＩＴのプロではあっても当社の業務のプロではありません**。知らない人間達が使うシステムを知らない人間と協力し合って作る。しかも作るものはこの世に二つとない一品もののシステムです。システム開発というのはたとえプロのベンダーがやっても未知の航海のようなものです。スキル育成だけではありません。進捗も、どの程度の遅延までだったら許されるのか、プロジェクト実施

中にはどういう会議で何を決めるべきなのか、技術的な問題が出たらどうすべきなのか。システム開発はまさに大航海時代の新大陸発見のように危険が数多あるのです」

「そんな大仰な」

谷川が苦笑いを浮かべた。

「だからこそ、その羅針盤と海図たるプロジェクト計画は正確かつ詳細でなければなりません」

もう一度、視線を則田に戻した角田は、変わることのない確信に満ちた表情でそう言った。会議室内には再び沈黙が広がった。

「……それでしたら角田さんの案でもう一度、お見積りを……」

言いかける則田を谷川は「いや、これでいい」と言った。

「そんなことしてたらいつまで経ってもプロジェクトは始まらんし、これ以上の追加費用なんて出ない。なっ、角田君、君の言うことはもっともだが理想は理想、現実は現実。ここはベンダーさんの言う通りにやってみようよ」

人事部のメンバー達が皆、角田を見つめた。

(もういいじゃない、ベンダーがちゃんとやるって言ってるんだから。何かあったってベンダーが責任取るんでしょ？我々だって暇じゃない。システム作りなんて本業じゃないし、この会議自体早く終わってくれないかな)

人事部のメンバーの心には、そんな思いが去来していた。

しばらくの沈黙の後、角田は小さく頷いて「御意」と言った。

「私は私の考えを申し述べただけで、エンドユーザーとベンダーがそのように合意されるのであれば、特にこちらから申し上げることはありません。ただ、この計画だとプロジェクトが失敗する確率は1、2割はあるかと」

その言葉に谷川は鼻からフンと息を漏らした。

「てことは8、9割方は成功ってことだよね。システム開発なんて所詮、予定通りにはいかないもんだし、何か問題があるなら、都度考えればいいさ」

谷川の言葉に角田は表情を変えることなく、「私として申し上げることは申し上げました」とだけ言った。

無計画は〝鈍感の素〟

7か月後。角田の言う〝1、2割〟が現実味を帯びてきた。ハップハザードの計画でスタートしたプロジェクトは基本設計も終わらないうちに3か月程度の遅れが生じていた。このままではあと1年4か月後に迫ったリリースに間に合わない。

人事課長から遅延の状態を聞いた豆田は若田と、プロジェクト開始後にDX室にやってきたマサトを支援に入れた。若田とマサトは早速、これまでの経緯と現状を確認する為に角田とミーティングを行うこととなった。

「ええっと……で、結局のところ今はどれくらい遅れてるの？」

若田が柔和な笑顔で角田に尋ねた。

（こんな状況でもニコニコしてられるなんて究極の鈍感力の持ち主かも）

と若田の隣でマサトは思った。

「本来3か月前に完成すべき〝システム構成図〟〝機能構成図〟〝画面遷移と定義〟等は未だに提示されておりません」

「そんなに？全然できてないの？」

若田が尋ねた。

「3か月と1週間前、ベンダーは各々90％完了していると報告しておりました」

「なあんだ。じゃあ提示しないだけで実際には、ほぼできてるってことじゃない？」

若田の嬉しそうな顔に角田は「否」と言って首を振った。

「その1週間後の報告では完成率が95％と言い、それから1か月後には98％、先々週の報告では99％、そして昨日は99・5％が完了していると言っていました」

「へえ。システム開発の進捗って、そんなに正確に分かるんだ。すごいねえ」

ニコニコする若田の横でマサトが首を捻った。

「い、いえ、それって単に100％って言えないだけじゃあ」

「御意。所謂90％症候群というものです。実際にはできていないものをできているかのように報告してしまった為に数字を刻まざるを得ない。ベンダーが数字をごまかそうとした場合もあれば、本当に90％できていると誤認していた場合もありますが」

「ああ、あれね」

若田が言った。

「僕もよく室長から資料作りを頼まれたとき、期限までにできないと、つい、あとちょっとですとか言っちゃう」

「若田さんの常套《じょうとう》手段ですよね」

マサトが言った。

「結局、全然できてないことがバレて怒られるんだけどねえ」

こんな話をするときも若田の笑顔は終始さわやかだ。

「アーンドバリューマネジメント★等定量的な管理を行っていれば、ベンダーもごまかせないしユーザーも進捗を正確に把握できますが、ハップハザードは工数がかかりすぎると実施していませんでした。私に言わせれば任務懈怠《にんむけたい》です」

角田が言った。

「なんで遅れたんですか？」

マサトは尋ねた。

「色々ありますが、**まずはベンダーの技術者が我が社の業務に精通していなかった。この辺りはスキルアセスメントと育成計画を立案しなかったことに起因します。**一部の技術が利用できないことが後

★POINT
プロジェクトの進捗を管理する方法。一定期間に作り出す価値を分母とし、実際に作り出された価値を分子として進捗率を表すことで、作業の生産性が計算できるなど、将来的な予測が可能になる。

になって分かりましたが、そうしたことは事前にもある程度予測できたはずです。**リスク管理計画ができていなかったので放置されていました**」

「要するに角田ちゃんのプロジェクト計画できちんとやっていれば防げたことばかりってことかな？」

尋ねる若田に角田が「御意」と言って頷いた。

プロジェクトは現在9月末までの基本設計工程★の終盤となっている。ベンダーからは週次で進捗の報告があり、人事部の担当者達は開発が順調で大きな問題がないとの報告を7月終盤までは受けていた。

しかし、そうした報告は多くの場合、順調ですという言葉と完了率というパーセンテージの並ぶ書面、それにプロジェクト開始当初に2、3行が記述され一向に更新されないリスク・課題管理表によって簡単になされるのみだった。

完了率と言われても何を分母分子にした数字かが不明だし、プロジェクトが始まって以来、課題やリスクが全く増加しないことは不自然ではないかと人事部の若手も首を傾げてはいたが、肝心の谷川課長は、「この開発は請負契約でもあり、問題があってもベンダー内部で解決するはずだし、そもそも素人の自分達が専門家であるベンダーに何かを言えるわけでもない」と言ってベンダーからの〝順調です〟との報告を聞いて安心していた。

★POINT システムの持つ基本的な機能やそれを実現するためのハードウェア、ソフトウェア構成、利用するサービス、利用するデータなどの概要を決める工程。

その時、マサトの背筋にいつもの悪寒が走った。

予想通り、マサトの後ろにはレイカが立っている。彼女との付き合いも数か月に及び、その異常性には慣れてきたマサトだったが、この日は改めて目を丸くせざるをえなかった。

上下黒の服に、ラメの入った緑のアイラインはいつもの彼女と変わることはなかったが、今日はなんと3人分のコーヒーをトレーに載せて持っている。誰が頼んだわけでもないのにレイカがそんなものを持ってくることは異常事態と言っても良い。

しかしそれ以上にマサトを不安にしたのは、アイラインと同じ色をしたレイカの唇がいつになく大きな弧を描いて笑顔を形づくっていることだった。

「やあ、レイカちゃん。それ僕らに？嬉しいなあ。お礼に今度食事でもどお？」

若田はその不気味な様子も意に介さない様子で言ったが、レイカはそんな彼を一瞥すると、「誰だっけ？」と言い、マサトに視線を向けた。

「災難の匂いがする」

その目は見開かれ猫のような瞳が輝いている。

「フフフ……ハハハハハ」

レイカはいかにも嬉しそうな笑い声を残して去っていった。

「……ヒマなのかな、レイカちゃん」

若田が呟いてレイカの持ってきたコーヒーを一気に飲んだ。

「ぶはっ。なんだこれ?」

若田がコーヒーを噴き出しながら言った。

「タバスコですかね」

一緒に飲んだマサトも思い切り顔を歪めた。ただ一人、角田だけはコーヒーを飲まずにいた。

「気合を入れろというエールかもしれませんね。しかしレイカさんがコーヒーを持って来てくれるなんて異常です。異常の裏には何かリスクがあるものです。リスクを見つけるにはどんな異常を監視すべきか、リスクが見つかったらどう対処すべきか、それを事前に決めておくリスク管理計画は人生にも必須」

角田はそういうと持参したペットボトルの水を脇に置いてからタバスコ入りのコーヒーを飲み、その後、すぐに水を含んだ。

「レイカさんのご機嫌を損ねずに自らも守る。こういうリスク対策も事前に計画しておくものです。水を持っていたのはたまたまですが」

周囲に噴き出したコーヒーをエルメスのハンカチでふき取った若田が尋ねた。

「ところでさ、今更こんなこと聞くのもなんだけど」

と角田の方を向いた。

「角田君って、今何歳なの?随分経験豊富みたいだけど」

「27歳です」

その答えに若田とマサトは思わず「えっ？」と声を合わせた。

後退した生え際はもちろん、杓子定規な話し方や落ち着いた態度、それにこの季節にも拘わらずネクタイを締めてスリーピースのダークスーツを着込んだ姿はどう見ても40代としか見えなかった。

（まさか。年下……）

マサトは一瞬言葉を失ったが、よく見ると角田の色白の肌は確かに20代らしい艶をまとってはいた。

プロジェクト計画のチカラ

「なあ頼むよ。このプロジェクト、なんとかして立て直してくれないか」

数か月前とは打って変わった情けない顔をぶら下げて谷川がDX室にやってきたのは、その翌日のことだった。応対には角田と若田、それにマサトがあたった。

「開発の状況が社長の耳に入ったらしくて、とにかく納期通りに完成させないと、俺、降格された上、飛ばされるかもしれない」

谷川はすがるような目で3人を見つめた。それに答えるように若田が口を開いた。

「まあ、なんとかなるんじゃないの？ほら、ベンダーさんに残業とか休日出勤とかしてもらってさ」

その言葉に角田は大きな頭を左右に振った。

■ 図 4-1 角田の進捗管理表★

	A	B	C	D	E	F	G	H	I	…
1	成果物		総価値（人日）	週毎の工数（価値）						…
2				1/15	1/22	1/29	2/5	2/12	2/12	…
3	システム構成図	予定	24.0	2.0	9.0	9.0	4.0			…
4		実績		2.0	7.5	7.5	3.5	2.0	1.5	…
5	機能概要書	予定	18.0	1.5	6.0	6.0	4.5			…
6		実績		1.5	5.5	5.0	4.0	1.0	0.0	…
7	画面設計書	予定	35.0	2.0	10.0	10.0	7.0	3.0		…
8		実績		2.0	10.0	9.0	7.0	1.0	0.0	…
	…	…	…	…	…	…	…	…	…	…
151	監視時点での価値	予定	77.0	5.5	30.5	55.5	71.0	92（※2）	105.0	…
152		実績	-	5.5	28.5	50.0	64.5	72.5	81.0	…
153		早遅（※1）	-	**1.00**	**0.93**	**0.90**	**0.91**	**0.79**	**0.77**	…

（※1）早遅は1.0で予定通り、1.0を超えると前倒し、1.0未満だと遅延を意味します。
（※2）2月12日以降の数字は、ここに見えない（表の下の方）作業が新たに発生していおり合算しています。

「それだからダメなんですよ」

角田はそう言うとミーティングスペースに設置されたモニターに自分のパソコンを接続してエクセルシートを開いた。シートの一番左のA列には縦軸に〝システム構成図〟〝機能概要書〟〝画面設計書〟などのドキュメント名が並んでいた。

それらが人事システム開発の基本設計工程で作成されるべき成果物の名前であることにマサトはすぐに気が付いた。

各ドキュメント名から一列開けたC列には〝2・0〟、〝10・25〟などの数字が並んでいる。

「人事部の皆さんが、進捗について完了率とベンダーの〝大丈夫です〟という言葉だけで安心しているのが不安だったので、私がベンダーの担当者にヒアリングをして具体的な作業計画を作ってみました。御覧の通りA列は基本設計で作るドキュメント名、C列はそれを作る為に一人の人間が何日かかる

★POINT
プロジェクトの定量的な管理でよく用いられるアーンド・バリュー・マネージメント(EVM)をユーザー向けに簡略化したもの。一番下の「早遅」はEVMでいうスケジュールパフォーマンスインディケータ(SPI)に相当する。

のかという、所謂〝人日数〟です」

角田は言った。

隣のD列からは各ドキュメントを記す行が2行に分かれ、上段には〝予定〟、下段には〝実績〟の数値が並ぶ。シートの最上行には各々〝1／15〟、〝1／22〟という数字が延々と続いている。更に、D列を下に辿っていくと各ドキュメントの予定と実績の行に、〝1・0〟とか〝0・5〟と言った数字が並んでいる。

「これって、例えばシステム構成図を作るのに1月15日の週に2人日、22日の週に9人日、29日の週にも9人日かかりますってこと?」

若田の言葉に角田が小さく首を振った。

「ちょっと違います。まずC列に表す通り、システム構成図は全部で24人日分の工数がかかる成果物であると言っています。つまり、このドキュメントは24人日の価値を持つものだということです」

「そ、そうだよねえ。それで?」

理解したような顔で言う若田がわずかに首を傾げていることをマサトは見逃さなかった。多分、すでに話についていけないのだろう。

シートを見ながら今度は谷川が尋ねた。

「D列から右の数字は、それぞれの週にかかる人日、つまり工数の予定と実績ってこと?」

その言葉にも角田は首を振った。

「よく、そのように誤解されますが、これはかかった工数ではなく、この間に作り出した価値です」

「価値？」

谷川の言葉に角田は頷いた。

「極、簡易に申し上げます。まず、システム構成図が約10頁になる予定で、その全体の価値が20人日と見積もられているなら、1頁は2人日ということになります。ですから1月5日の週に2人日分の価値を創出する予定だということになります。実際には、それより多くの工数がかかったり逆に少なかったりしますが、そういう働いた量とは関係なく、創出する価値の予定として2人日とし、実績には何人日分の価値を作ったかを書き込みます」

込み入った説明ではあるがマサトには角田の言うことがぼんやりとイメージできた。

「つまり、2頁書く予定で、実際には1頁しか書いていなければ、予定には4人日、実績には2人日という風に書くわけですね？」

「御意」

角田が言った。マサトは納得して頷いたが隣の若田は首を傾けた。

「だったら、最初から書いた頁数で計算すればいいんじゃない？」

「ドキュメントによっては1頁書くのに半日で済むものもあれば、5日かかるものもあります。またプログラム等は頁数ではなくコードの行数で数えなければなりません。**それらの進捗を示すには、**

各々の成果物を作る為に必要な工数を一旦見積もり、それを〝作成すべき価値〟として計画し、実績と比べる必要があります」

「単位を揃えるってことですね」

マサトの言葉に角田が頷いた。若田の目は宙に浮き始めている。

「でも実際にはドキュメント作るったって、ただ書くだけじゃないだろ？調査があったり、書いた後はレビューや修正もある」

谷川が尋ねた。

「もちろんです。ですから見積もる時には、調査に何人日、初回記述に何人日、レビューに何人日、レビュー後の修正に何人日かを算定します。仮に1頁も書けていなくても調査が終わったらその分の価値を創出したと見ますし、全ての頁が書けても、レビュー前なら完了率は１００％にはなりません」

「なんか、細かすぎる気もするけど」

谷川が首を傾げる。若田はすでに興味を失ったらしく手に持ったスマホをチラチラと見始めた。

角田は小さく微笑んだ。

「まあ、細かいことはいいです。大切なことは今回の遅延を私はプロジェクトが始まった8週間後には予測できていたということです」

「今の時期に3か月遅れになることを3月には分かってたってこと？」

目を丸くする谷川に角田は頷いた。

「簡単なことです。2月末までに私はベンダーの担当者達に実際の頁数やレビューの状況をヒアリングして、予定されていた120人日分の価値のうち、90人日分しかできていないことを把握していました。要するに彼らの生産性が予定の75%しか出ていないことを把握していたわけです」

「だったら、7月末時点では1.5か月の遅れではないですか?」

マサトが尋ねた。すると、角田は谷川に視線を移した。

「谷川課長、ベンダーとの打ち合わせを2度ほどすっぽかしましたね?」

「えっ?いや、あの……それは……」

谷川は目を丸くした。若田はすでにコクリコクリと船をこぎ始めている。

「課長が出なかった為に、いくつかの重要決定が遅れ、一時的にベンダーの作業が一部止まりました」

「ま、まあ色々と忙しくて」

谷川の耳たぶが赤く変わっていった。

「今、それをどうこう言うつもりはありません。ただそれが遅延を広げるであろうことは私にも予測できました。それにベンダーの新規メンバーに対するレクチャも実際にはなされていなかったり、内容が薄かったり、2月末時点までにそうしたこともあったので、おそらく遅延は更に1.5か月程度遅れるだろうと予測できたわけです。その間、人事部の皆さんは、ベンダーの〝完了率は80%で予定通り〟、〝大丈夫です遅れはありません〟という言葉を鵜呑みにしてましたよね?」

やや鋭くなった角田の視線に谷川は何も言えずにいた。角田は言葉を続ける。

「ベンダーが嘘をついたのかは分かりません。きちんとした数値で作業のボリュームを把握していなければ、プロマネも担当者が感覚で言う〝80％終わりました〟〝あと1日で完了です〟という報告を信じるしかありません。課長が会議に出なかった影響も、これは大変だと感じるか、なんとかなると感じるかは人によって違いますし、レクチャについても同じでしょう。実際には、そのことがどの作業にどれくらいの遅延をもたらすかを見なければなりませんが、詳細な作業計画がなければそうしたことは不可能です。進捗管理、リスク管理、スキル育成管理を計画と定量的なファクトに基づいて行わなければ、いくら正直なベンダーでも同じようなことは起こります」

「ふうっ」

谷川は大きなため息をつくと、背もたれに寄り掛かった。

「もしも計画がちゃんとしてれば、そういうことに早く気づけたってことか」

「御意。そして、それを是正しようという動きも早期に出てきたはずです。**きちんとした計画が隣にあれば、それとズレたときに、どうしようとか、気持ち悪いと感じる心理が人間には働きますから**」

「プロジェクト計画にはそういうチカラがあるんですね」

マサトは呟いた。若田はとうとういびきをかき始めたが、それをとがめるものは誰もいなかった。

その頃、給湯室でたまたま一緒になったレイカと豆田が人事システムの件で話し込んでいた。

「角田はともかく、支援にマサト……不安……楽しみ」

「そうね。でも、面白い組み合わせでしょ?」

「面白い?」

「角田はあの通り、カチカチの原理主義者でいつも理想を押し付ける。相手は一旦は納得するかもしれないけど、現実にはそんなにたくさんの管理なんてやっていられない。きっと角田と谷川課長は今後もぶつかる」

「楽しそう……」

「そこを調整して、本当に使える計画や管理を見つけるのはマサトだと思ってる」

「もう一人いた?」

「ああ、若田ね。あれはまあ、そのうちなんかの役に立つでしょ。……なんかのね」

「原理主義者と調整役の他に必要なのは推進役」

レイカの言葉に豆田は「かもね」と言った。

＊

数日後、谷川から届いた一通のメールを読んだマサトは急いで角田の席に向かった。

「読みましたか? 人事システムのベンダーが突然引き上げるって、契約を解除するからこれまでの作業分の精算と損害賠償を求めるって」

荒い息の下で言うマサトを角田は下から見上げながら言った。

「いいんじゃないですか? 引き上げるって言うなら」

「そ、そんな。これじゃプロジェクト破綻した上に大損害じゃないですか!」

マサトの慌てる素振りにも角田はゆっくりと座ったままだ。

「内田さん。私はこのプロジェクトは失敗しても良い、いえ、むしろ失敗すべきだと思ってるんです」

角田はそう言うと、机に置いてあった缶コーヒーを一口飲んだ。

プロジェクト計画は実態が計画から乖離したことに誰もが気づくように、定量的で精緻かつ網羅的である必要があります。言ってみれば、計画はプロジェクト成功の為の定規のようなものであり、それと実態がズレたときに、メンバーが不安になったり、気持ち悪く感じたりするものである必要があります。逆に言えば、プロジェクト計画はそのように人間の心理に働きかけて、プロジェクトを是正する一種のチカラがあると言っても良いでしょう。

しかし、そのような〝正しい〟管理もただ、そのまま押し付けるだけでは現場の反発を招いてプロジェクトは失敗してしまうものです。そのあたりは、次の章で明らかになっていきます。人事システム、そしてマサトの運命はこのあとどうなっていくでしょうか？

プロジェクト計画

記述項目	説明と記述例
組織の目的	システム化対象組織の目的（IT以前に経営観点で）を記述する。“個人顧客の売上げを法人客と同じ程度まで伸ばす”等
目的達成の方針	どのようにして、その目的を達成するのか、ITプロジェクトならIT導入・活用が目的達成にどう役立つのかを記述する。“販売店での顧客アンケートや当社製品購入履歴及び外部マーケティングデータを活用して顧客を層別し、ペルソナ分析を用いた効率的且つ効果的なセールス活動を行なう”等
ロードマップとプロジェクトの位置づけ	大きな経営目的を達成する為に、複数のプロジェクトを実施する場合、このプロジェクトが全体の中でどのような位置にあるかを記す
KGI/KPI	KGIはシステム開発によって実現されるべき姿を指標として表す。“売り上げ目標”“顧客数”“引き合い数”“社員の満足度”等。KPIはKGIを達成するために必要なプロセスのパフォーマンスをできる限り数値で表す。“売上達成のためにDMを10000件／日送信可能とする”“残業時間短縮による社員の満足度向上の為○○業務の作業時間を15時間／日減らす”等
主要要件	システムに具備すべき主要な要件（目的に直結する要件）を記述する
スケジュール	【全体スケジュール】システム開発では“要件定義”“基本設計”等 一つの工程等を一つの線で記述することが一般的。 ※スケジュールの中で動かすことのできないイベントや作業の区切りとしてマイルストーンを記す。キックオフや工程の区切りだけでなく、プロジェクト外との関わり（他システムとの連携や外部との情報のやりとりなどをマイルストーンとする。詳細な作業の計画は狂うことがあるが、マイルストーンの変更は重大な計画変更となるため） 【詳細スケジュール】工程内で行われる作業の一つ一つを一つの線とした線表。作成する成果物（ドキュメントやプログラムなど）毎まで詳細化することが多い。この一つ一つの作業をWBS(Work Breakdown Structure）の項目と一致させるか、WBSそのものを詳細スケジュールとする場合もある。多くの作業の間には別の作業が終わらないと始められないなどの依存関係がある為、それもわかるように記す
体制と役割	プロジェクト内のユーザー側、ベンダー側、その他必要なステークホルダーの役割と責任および権限を記述するとともに、体制内の指揮命令系統も明らかにする。またユーザー側ベンダー側、その他ステークホルダーの窓口を明確にするとともに、特にユーザー側とベンダー側については双方のカウンターパート（誰と誰が相談相手であるか、誰と誰の間で決められたことが会社として正式な合意事項になるか）を明確にする
要員計画	プロジェクトに参加するメンバーが投入すべき工数等を月単位、週単位等で記す。いわゆる工数の山積み表
スキル育成計画	プロジェクトに参加するメンバーが必要とするスキル・知識を洗い出した上でそれを獲得する為の計画（研修等）を明らかにする
外部委託計画	開発を二次外注に出す際には、その部分と責任分担、二次外注先情報、指揮命令系統、二次外注先が離脱した場合の対処方針を記す
開発のライフサイクル	開発の方式、工程等を記す（ウォーターフォールかアジャイルか 等）
作業成果物一覧	プロジェクトで作成する作業成果物の一覧。正確な成果物名等は各工程の開始前までに明らかにするが、概要については網羅性を担保して全て書く
品質計画	品質を確保するための活動を計画する。レビューやテスト、妥当性確認の予定と対象物、合格基準など。特に対象物については、品質保証の対象となるものも記す（総合テストの品質保証対象は要件定義書と基本設計書、結合テストの対象は基本設計書のインターフェース部と詳細設計書の内部インターフェース部 など）

プロジェクト管理計画

記述項目	説明と記述例
進捗管理計画	進捗を管理する方法を記述する。WBSに基づくアーンドバリューマネジメントや成果物の完了率、詳細作業毎の遅延日数などの管理法を記述すると共に、どの程度の遅延があると対策が必要であるかという閾値についても明らかにしておく
リスク管理計画	プロジェクトのQCD達成を阻害する要因の中でまだ顕在化していない潜在的なもの（リスク）をどのように発見し管理するかを明らかにする。進捗状況や作業効率その他をいかに監視するか、リスクを抽出した際には、それをどう評価し対策を考え、またそれを実行するかなど、リスク管理として何を決めるべきなのか、その項目を明らかにする
課題管理計画	プロジェクトのQCD達成を阻害する顕在化した事象を管理する計画を記す。課題解決の方法やその実施状況の監視、解決の基準等、課題管理として決めるべき項目を明らかにする
変更管理計画	プロジェクトのQ(要件や主要機能およびその品質など)、C(コストや工数)、D(最終納期やマイルストーンなど）を変更せざるを得なかったとき、その状況を管理する計画。変更を監視、管理するために必要な項目を定める（変更理由、変更要望者、変更作業内容、日付、等）
構成管理計画	プロジェクトで作成する成果物のバージョン管理などを計画する。ある成果物に変更があった場合には、他の成果物との整合性を担保しなければならないが、そのためにはどのようなことを誰がどのタイミングで管理しなければならないのかを管理する（バージョンとベースラインの管理、最新成果物の日付情報など管理すべき項目を定める）
欠陥管理計画	レビューやテストなどで検出した成果物の欠陥をどのように管理するのかを計画する。各エラーや指摘事項が解消されるまで管理すべき項目（欠陥の内容、発見者、対応者、対応完了予定など）の他、欠陥の傾向などから真因を分析するいわゆる問題管理に必要な項目についても計画する

プロジェクト計画を眺める"目"

「準備7割」などとも言われますが、システム開発においてはプロジェクト実施前の準備が非常に大切です。そしてその中でも大切なことは良いプロジェクト計画を立てることでしょう。開発のスケジュールや体制、予定される成果物などを予め決め、それらが妥当であることをユーザーとベンダーがよく確認することはプロジェクト成功の為に必須と言って良いでしょう。

プロジェクト計画を立てる上で大切なことは、**計画書を眺めているだけでプロジェクト成功への道筋が見えるように作る**ということです。一般に物事を為すためには「ヒト」、「モノ」、「カネ」などと言われますが、システム開発の場合は、そこに「情報」と「判断」が加わるとも言われます。例えば、スケジュール表を見たら、**この時期には、どんなスキルを持った人が何人必要だが大丈夫か？それらの作業をやる為には、この時期にどんなモノと情報が提供されていなければいけないが大丈夫か？この時期までにはA案とB案のどちらを採用するかを判断しなければならないが、それを行える知見と情報と権限を持つ人がいるのか？**そんな目でスケジュール表を眺めていると意外な落とし穴に気づくことがあります。

これは体制表についても同じです。**この体制図にあるヒトは十分な知識と時間を持っている人か？この人たちにかけられる費用は手当できてるのか？この体制図では情報の連絡ルートはどうなるのか、判断は誰がするのか？**などと言った目で確認します。

この他についても、計画として立てられる成果物一覧や課題管理計画、リスク管理計画、スキル育成計画等々、プロジェクト計画書に記載するほとんどの部分について、こうした目で確認することで、色々な問題やリスクを確認でき、それらへの対応策が立てられることで、「ああ、確かにこのプロジェクトは成功しそうだ」と道筋が見えてくるというわけです。

こうした観点はここで述べた６つにとどまらないかもしれませんが、まずは、これらの視点でプロジェクト計画書を眺めてみるということがプロジェクト成功の為の大切な活動かと思います。

第4章

プロジェクト計画の作り方　まとめ

- プロジェクト計画はベンダーが作成し、ユーザーもそれに合意しておく必要がある。
- プロジェクト計画の粒度は、プロジェクトの規模によって変える。大規模プロジェクトでは、細かな計画が必要である。
- 特にスケジュールは、ベンダーの「順調です」を鵜呑みにしないものさしの役目を果たすので、必ずもらうこと。
- ベンダーのメンバーの中に、これから使おうとしている技術に精通していないメンバーがいるのであれば、育成計画も必要。
- システム開発はユーザーとベンダーが協力して未知の航海に出るようなもの。プロジェクト計画は「自分たちが、いま、どこにいるのか」を知るための、羅針盤である。これがないと遭難する。

第5章

ベンダーコントロールの仕方

不測の事態をともに切り抜けてくれるような信頼関係をベンダーと築くには、どうしたらよいのでしょう?ささやかだけれど役に立つお話です。

システムの企画、提案 ▷ 要件定義 ▷ 見積、契約 ▷ **設計** ▷ 実装 ▷ テスト ▷ 納品 ▷ 保守

登場するプロジェクト

人事システムのリニューアル

どんなプロジェクト?

4章参照

この章でできるようになること

・ベンダーがやる気を失うきっかけがわかる

・ベンダーと信頼関係を築くコツがわかる

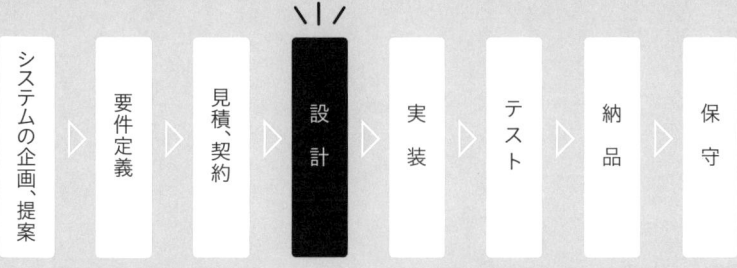

人事システム刷新プロジェクトではベンダーが突然、契約の解除を申し出てきました。確かにプロジェクトは絶望的なほどに遅れてはいます。マサトはその原因調査と契約継続の交渉を豆田に命じられ、ハップハザード社を訪れますが、そこで聞かされたのは人事部側の非協力ぶりでした。

ハップハザードにプロジェクトへ戻ってもらうには、人事部の意識を変えてもらうことが必要であることが分かってきましたが、それ以外に、より根本的な課題があることにマサトは気づくことになります。

ベンダーに〝働いてもらう〟為のユーザーの役割

契約解除要請とメンバー引き上げの報を聞いた豆田はマサトと角田それに若田に、すぐ相手の会社を訪問して事情を聞くように命じた。ハップハザード社はアサヒから30分ほどの私鉄沿線にある。

応対に出たのは三谷と名乗る営業担当とプロジェクトマネージャの則田という男達だった。

「契約の解除とは、一体どういうことでしょうか？」

名刺交換もそこそこに尋ねるマサトに、二人はお互いの顔を少しだけ見合っていたが、やがて三谷がマサトに視線を移した。

「大変申し上げにくいのですが……弊社といたしましては、なんと申しますか……メリットよりもデメリットの方が大きすぎるとの判断がございまして」

その言葉に角田の目が光った。相手の言葉になんらかの反感を覚えたとき、他の人間なら眉をひそめたり口を尖らせたりするものだが、彼の場合は目をわずかに見開くことがその印らしい。

「メリット・デメリットではなく責任感の問題と思料いたします」

三谷と則田は再び黙り込んだ。

「なんてったって、お仕事だからねえ」

若田が付け加えた。無論、その顔に浮かぶのはこうした状況におおよそ似つかわしくない柔和な笑顔だ。

するとプロマネの則田の方が、鼻から小さく息を吸った後、

「それについては、私共といたしましても申し上げなければならないこともございます」

と言った。その目は真っすぐに角田を見ている。

「弊社はこのプロジェクトにもう成功の見込みはないと考えております。ですから、お互いに傷を深める前に中止とした方が良い。そう考えた次第です」

「そんな一方的な」

マサトが声を高めた。

「そのこと、ウチの人事部にはご相談いただいたのですか?自分達だけで勝手に失敗と決め込んでなんの前触れもなく中止だなんて」

「御社には弊社の言葉を聞いていただく耳がない！」

則田が言い放った。その強い語気にアサヒの三人は黙り込んだ。

「えっと……あの……どういうことですか？」

マサトが尋ねる。

「色々です」

則田が視線を左下に落としながら言った。

「今回の人事システム、すでに基本設計が終わろうとしていますが、未だに御社に決定してもらっていない要件が山のように残ってます」

若田が首を傾げた。

「あれえ？システムの要件って、要件定義工程で全部決まってるんじゃないの？ハップハザードさんにお願いする前に、ウチの内部で要件は決めてたって聞いたけど？」

「若田さん……でしたか。あまりシステム開発のことをご存じないようですね」

三谷が言った。その目に若田を責めるような気配はなく、むしろ小学生を見つめる教諭のような優しさが宿っていた。

「システム開発では設計段階でも決めなければいけない要件がどうしても出てきます。要件定義工程ではざっくりとしか決めていなかったものや、その場では決めきれずに後で決めれば良いとしたもの、設計段階に入ってユーザー様の気が変わることもあれば、技術的な問題で要件を変更せざるを得ないこともあります。実際、設計工程以降に一切の要件変更や詳細化を行わないプロジェクトなどほとんどないのではないでしょうか」

「へえ。そうなんだ。大変なんだねえ」

若田の呑気な言葉にマサトと角田は何も言わなかった。DX室に何年も在籍しているにも関わらず、こんなことをベンダーに教え諭される若田の情けなさは十分に感じるところだが、若田が若田である以上それは仕方のないことだと二人は思った。

「例えば、人事評価の承認ルートにしても、御社の中ではこれを機に思い切った簡素化をするという意見と、これまで通りのフローを維持するという意見が収束せずにズルズルとここまで来ています。約束の期日が来ても、もう少し待ってくれと繰り返すばかり。画面のイメージについても、いったん決めた定義が何度も何度も変わる。これでは作りようがありません」

三谷が苦い顔で言った。

「接続先の給与システムとのインタフェース仕様についても、相手側の開発会社との打ち合わせをいつまでもセッティングいただけず、これも大幅に遅れた原因の一つです。他にも、決めるべきことを決めていただけないことが多数ありながら、全く急いでいただける気配もない。挙句の果てには、システム作りのような〝副業〟に割ける時間は限られているとまでおっしゃる。これでは我々がいくら頑張ったところでモノができるわけはありません」

則田もまた苦り切った顔だった。再び、角田の目が光った。

「そうしたことを人事部には説明されましたか？このままでは納期が間に合わないとか」

その言葉に則田が首を振った。

★POINT
接続先のシステムとデータをやりとりするためには、相手側とデータの型や内容、データの名称や受け渡しのタイミングなど様々な決めごとをインタフェース仕様として文書化する必要がある。

「言っても、あまり聞く耳を持ってくれないというか、いつも分かりましたと言うだけと思いましたので。無論、遅れて対応をしていただくものもありますが、そうしている間に次の遅延がまた発生するという次第で」

「遅延を取り戻す為に体制変更やスケジュール変更などは？」

角田が尋ねた。

「それは、結局、弊社だけが負担を被ることに繋がります。申し訳ありませんが、御社の非に対して弊社社員に予定以上の負担をかけるわけにはいきません」

そうなのかなとマサトは思った。通常、プロジェクトが遅れれば、理由に拘らず、ベンダーは遅延を取り戻す為に努力をするものではないだろうか。それが正しく公平な行動かどうかはともかく、ベンダーというものは、そういうものではないのか。

マサトは自分の思いを口に出そうかとも考えたが、すぐに自分のＩＴ経験の少なさを顧みて口をつぐんだ。

結局、マサト達は何も得るものなく会議を終えることとなった。豆田には相手からプロジェクト継続の条件を聞きだしてこいと言われたが、そんな話を持ち出せる雰囲気にすらならなかった。

「ですから、今月末、つまりあと3週間ほどで、我が社はメンバーを全て引き上げさせていただきます。無論、御社が次に依頼する別の会社に向けて、引継ぎ資料はきちんとつくらせていただきます」

それが三谷の最後の言葉だった。

〝お客様は神様〟ではありません

「あの三人でこんな問題の解決できるの？」

マサト達がハップハザードで話し合いを行っている頃、アサヒ本社では豆田が江守専務の部屋に呼ばれていた。江守は重役用の革張りの椅子に座ったまま言った。一方の豆田は江守の机の前に立ったままだ。

「今日のところは、顔見世程度で終わるかと思います」

豆田の返答に江守は眉をひそめた。

「挨拶だけさせたって仕方ないじゃない」

「おそらく」

と言ってから豆田は一旦言葉を切った。江守がじっと豆田を見つめる。

「今、ハップハザードはアサヒへの不信感を募らせています。それを取り戻さないことには実質的な交渉には入れません」

「だから、敢えて人事部の人間には声をかけず、３人だけで行かせた？」

「はい。何事にもポジティブな若田、客観的かつ冷静な角田、それに相手に対して上から目線にならず一緒に解決したいと考える内田、凝り固まったハップハザードの気持ちを解きほぐすには、このメンバーしかいないと」

それを聞いた江守は大きな背もたれに体を埋めた。

「ベンダーの信頼を得るには、**問題にもめげない前向きな気持ち、感情によらないファクトベースの会話、そして、相手と一緒に問題を解決したいという熱意**。そういうことね」

「はい」

「なんだか、こっちは客だっていうのに腰が低すぎない？」

江守の言葉に豆田は小さく首を振った。

「システム開発に限って言えば、**〝お客様は神様〟ではありません。一緒にゴールを目指すパートナーであり、プロジェクトメンバー**です」

「ふーん。でも、それってあくまで、それぞれのメンバー間のことよね。会社対会社となれば話は別」

江守の目が冷徹に豆田を見つめた。

「もちろんです。開発遅延で被った被害があれば、相手の営業やプロジェクト責任者に言って穴埋めしてもらいます。減額であれ損害賠償であれ」

「当然ね」

「でも、**そうしたゴタゴタを開発現場には持ち込まない**。難しいですがこれが解決には必要な態度です」

豆田の顔には自信のようなものが伺えた。江守はその顔を見ながら、しばらく考えた後、「いいわ」と言った。

「アンタに任せる。その代わり、うまく行かないときには……分かってるでしょうね？そもそも、今回の失敗は、人事部が自分達で開発すると言うのを止められなかったアンタにも相当の責任がある」

「承知しております」

豆田はそう言うと、江守に一礼してから背を向けた。部屋を出て行こうとする豆田に江守が声をかけた。

「ねえ、アンタは損害賠償とか言うけど、この問題って人事部の連中が必要な役割を果たさなかったからなんでしょ？アンタ、この前そう言ってたじゃない？」

豆田は数日前にこの事件の経緯を江守にも説明していた。

「はい」

豆田が振り返った。

「しかし、ウチが悪くても責任を取るのはベンダーです」

その言葉に江守は、その日初めて微笑んで「そうよね」とだけ言った。

存在を認められない人のモチベーション

打合せを終えた3人が応接を出ると、入れ替わりに応接に入ろうとする一人の若い社員がいた。彼はすれ違う際に角田を見ると、小さく「あっ」と呟いたが、すぐに頭を下げて、そのまま応接に入ろうとした。

「佐藤さん」

声を掛ける角田の方を彼は少し驚いたように振り返った。

角田は一旦、マサトと若田を振り返り、この若い社員を紹介した。

「こちら、今回のプロジェクトで採用アプリケーションチームのリーダーをしていただいている佐藤一郎さんです」

「それはそれは。いつもご苦労様ですねえ」

若田は胸のポケットからジバンシーの名刺入れを取り出すと、名刺を佐藤に渡した。マサトもそれにならい、代わりに佐藤の名刺を受け取った。

「佐藤さんには、設計開始当初、コロコロ変わる人事部の要望に丁寧にご対応いただきました」

角田が言った。

角田は社交辞令や、心にもないお礼を一切言わない。彼が相手を褒めたり労ったりするのは本心からそう思うときだけだ。佐藤は相変わらず驚いたような顔をしている。

「名前……覚えていてくださったんですか？」

佐藤が尋ねる。

「無論のこと。毎回定例会でお顔は拝見しており、また各種のご報告もいただいております」

角田が答えた。

「そうですか。アサヒの方は、皆、こんな平凡な名前、覚えていただけていないかと」

答える佐藤に角田は「まさか」と言った。

その言葉に若田が再び口を開こうとしたが、それより早く、佐藤は「あっ、すみません。ちょっと急ぎの用があって」と言って一度、応接室の扉に向かってから、もう一度角田の方を振り返った。

「角田さん、私の名前とやってる仕事、苦労していることを分かってらっしゃったんですね」

「無論」

「……そういう人が担当だったら、僕らだって頑張れたんですけどね。角田さんはオブザーバーですもんね」

佐藤はそう言うと応接の扉を開けて中に入っていった。


「あの佐藤さんも、今回は色々と大変なんでしょうね」

マサトの言葉に角田の目が光った。

「まあ、当初は頑張ってました。設計に必要な情報を聞き出す為に、人事部の色んなメンバーに話を聞いたり、定例会でも丁寧な進捗報告を行っていたし、プロジェクト推進上のリスクにも色々と気づいてくれました。最初の頃はですが」

「最初は……ですか？」

「ええ。最近は、なんていうかドライになって、報告もお座なりになったし、アサヒのメンバーとも必要最低限の会話しかしなくなりました」

「モチベーションを落としてしまった……やっぱりプロジェクトがこんなになっちゃったからでしょうか？」

「否」

角田が首を振った。

「モチベーションの低下はプロジェクトの進捗遅延が大問題になる前と記憶しているところ」

「何かあったんでしょうか？」

「さあ、別に何もないかと。モチベーションはじわじわと、ボディーブローが効くように低下しましたから」

「ボディーブロー……」

「ハップハザードは全体として、プロジェクトが進むにつれてやる気を失っていきました。こちらの意思決定遅延などがあったとはいえ、それでも成功を目指しているなら、アサヒ側に意思決定を急がせたり、クレームを入れたりするでしょうし、自分達も休日出勤や残業、作業のやりくりをしてなんとか遅れを取り戻そうとするものです」

「やっぱり、そういうもんですか」

マサトは、先ほどの打ち合わせ中に思い浮かべたことが、必ずしも間違っていなかったことを知り、少しだけ嬉しくなった。

「今後の商売のことを考えれば、ベンダーだって顧客との関係を良くしておきたいですし、そもそも、モノづくりのプロとしての矜持もありますから、多少は無理してでも成功させたいと思うのがべンダーの性かと」

「なのに、ハップハザードにはそういうところがない」

「特に現場のメンバーですね。いい加減な仕事をしているようではありませんが、とにかく言われたことだけを淡々とやり、それ以上の努力はしない。ユーザーの対応不足を補う気持ちなど皆無。そのように推察するところ」

「何事もやる気次第ってことだねえ」

若田が相変わらず明るい声で言った。

＊

ハップハザードを初めて訪問した日の夜、マサトは久しぶりにミズキの劇団の公演を見に行った。千人ほどを収容できる劇場は6、7割が埋まり、終演時には舞台上の役者達に大きな拍手が送られた。しかし、今回、舞台上にミズキの姿はなかった。

「来てくれるって思わなかった」

公演終了後、待ち合わせ場所のコーヒーショップにやってきたミズキが嬉しそうに言った。

「今日は夕方から外出で直帰したから。最近、ミズキちゃんの舞台観てなかったし」

マサトがそう言うとミズキは笑顔のまま首を傾けた。

「でも、今回はアタシ、照明係で出番ないのに」

ミズキの劇団はまだまだ規模が小さく、専門の裏方スタッフはほとんどいない。照明や音響、録画、場内の案内や入場券の販売などは、役者達が順番で行う。今回のミズキは舞台上での役がない為、舞台の間中、視聴覚室にこもり劇場の照明スタッフに指示出しをするだけが仕事だった。

「う、うん。それでも、一応、ミズキちゃん参加してる訳だし」

少し、はにかむように言うマサトにミズキの笑顔が大きくなった。

「嬉しいなあ。どっかで自分の仕事を見ていてくれる人がいるって」

「そんなの当たり前だよ。か、彼女……なんだから」

マサトは少し耳が熱くなるのを感じた。

「へへ。こんなところで面と向かって〝彼女〟とか……照れるね」

ミズキは少しだけ頬を赤くして言うと、「だけど……」と続けた。

「役者って、やっぱり目立とう精神旺盛っていうか承認欲求が強いから、どうしても裏方だけって時はテンション下がるじゃない？だから、一人でも二人でも自分のことを気にかけてくれる人がいると思うと、それだけで嬉しいし、やる気も出る」

「……そうだよね。僕は別に目立ちたいって人間じゃないけど、それでも誰かが見ていてくれると思うと、仕事にやる気が出るかも」

「そ。給料でもないし、表彰とかでもない。ただ見ていてくれるってことだけでね。もしも公演のパンフの隅っこに出てる照明係の名前を見て、あっこの人、前に〝木〟の役やってた人だ、なんて気づ

く人がいたら……そんなのマサト君以外いないけど……それだけでもやる気が出るかも」

（名前、覚えていてくださったんですね）

マサトの脳裏に、今日出会った佐藤という社員の言葉がよぎった。

「名前を覚えてもらうって、やっぱり大きいことなんだね」

「それはそうだよ。それに自分がしている努力とかを認めてもらうこととかもやる気の素になるよね。褒めてくれなくてもいい。ただ努力しているんだって知ってもらうだけで」

「逆に、自分が誰で、何をしている人かを誰も認めてくれないと……」

「それは、やる気ダダ下がりになるんじゃない？　お客さんの中に一人でも、今日の照明はミズキがやってるって知っててくれたら、劇団の仲間がミズキが照明係をちゃんとやってるなって思ってくれたら、それだけで頑張ろうと思うし、誰も私のことを意識してくれないなら、もう最低限のことをやって終わればいいって思っちゃう。もともと照明係に興味のない私としてはね」

「認められない辛さ、認められる嬉しさ……」

マサトは口の中でそう呟いた。

ユーザーの悪手〝丸投げ〟の標本

翌日、マサトは一人で人事部の都丸という若手社員を訪ねた。都丸は今回のプロジェクトを担当する若手社員であり、年齢はマサトの一つ下だ。二人は友達というわけでもないが、社内研修などで何度か顔を合わせている。

「佐藤一郎？まあ、そんな人もいましたかねえ……」

マサトが出したハップハザードの中心メンバーの名前に都丸は心当たりがないようだった。

「だって定例会議とかで毎回会ってたよね」

「そりゃあそうだけど、相手の名前なんていちいち覚えてないですねえ。プロマネさんなら知ってますけど」

「それじゃあ、まともに会話もできないじゃない？」

「いや、そんな必要ないでしょ。相手はこっちに色々と聞いてきますが、こちらがわざわざ、プロマネ以外の人に頼むとかしないですから」

「じゃあ、ベンダーが良くやってるとか、不満だとかそういうのは」

「そんなの関係ないでしょ。要は期日までにシステム作ってくれればいいんだから。まあ不満は時々ありますよ、資料が見にくいとか、技術的な誤りもあるにはあるけど、基本、そういうのはベンダー内部で完結することですからね。逆に、良くやってるとかそういうことも個人的には思わないではないけど、別に、それって当たり前のことで、わざわざ褒めたり、感謝したりすることでもないですよね？」

やっぱり、とマサトは思った。今回のプロジェクトの遅延は確かに人事部からの要件提示や意思決定の遅れが直接の原因だろう。しかし、そんなことはどんなプロジェクトでも多かれ少なかれある。

そういうとき、ベンダーは、それでもなんとか遅れを取り戻そうと、様々な努力をする。残業や休日出勤、人の追加、作業のやりくりなどの手段を講じるものだ。それは角田の言っていた通りだ。アサヒ社内のシステム開発の進捗も多くは予定通りには進まない。そんなときはベンダーが多少の無理をしなければ切り抜けられない。

しかし、今回のハップハザード社は、プロジェクトが遅れ始めても、大した対策を打つでもなく、また各メンバーもただ、淡々と与えられる仕事をこなすだけで、必要以上の努力をしようとしない。その原因は、この人事部の無関心にあるのではないか。ミズキと話した後、マサトはそんな仮説を立てていた。

ベンダーの報告を鵜呑みにするだけで後は任せたという態度、ベンダーとの約束を〝システム作りなど副業だ〟と言って劣後する優先順位、そして担当者の名前も覚えず、仕事内容を評価しない、それ以前に関心も持たない姿勢が、ベンダーの積極性を失わせ、遅延があってもなんら努力をしない姿勢を生み出したのではないか。マサトは都丸との話を終えて、そうした考えに自信を持った。

人事部による諸決定を急がせること、そして、もう一度ハップハザードの仕事を評価し、メンバーの頑張りにも感謝しつつ、足りない部分を明確に指摘する。こちらがそういう姿勢を見せれば、相手もやる気を取り戻してくれるのではないか。

無論、プロジェクトの遅延による費用やスケジュールの見直しも必要になるが、そうした交渉を行うにしても、まずはベンダーにこちらを向いてもらわなければ話にならない。そう考えながらマサトは人事部を後にした。

それでもユーザーは裁判に勝てる？

マサトが戻ったＤＸ室では薄羽レイカがパソコンを見つめながら、わずかに口角を上げていた。今日の唇は人の血を吸ってきた後のような赤黒い色をしている。レイカが微笑むとき、それはマサトにとって愉快ではない事が起きているときだ。気になったマサトはレイカの席に近づいた。

「レ、レイカさん、何かあったの……その、なんか機嫌良さそうだね」

恐る恐る尋ねるマサトに視線をくれるでもなく、レイカは更に微笑んだ。

「裁判……精神を削り、心が血を流す極上のエンターテイメント……」

「裁判？も、もしかしてハップハザード？」

尋ねるマサトにレイカが前を向いたまま頷いた。

「途中解約は一方的で不当……だから訴える」

「そんな、そこまでしなくても、なんとか話し合いで……」

そう言うマサトにレイカは首を振った。

「矢は放たれた……賽は投げられた……ルビコン川を渡った……後は戦いあるのみ」

「で、レイカさんは何を?」

「参考になる過去の判例調査を室長から依頼された。判決文にある罵り合い、けなしあい、血が躍る」

徐々に輝きを増すレイカの目に狂気を感じたマサトは、何も言わずにその場を去った。

*

「絶対に勝てるんだろうな」

同じころ、社長室では朝日泰平が席に座ったまま、前に立つ江守と豆田を見据えていた。

「これまでの裁判例を調べました。こちらにかなり有利な判決が出ると思われます」

豆田が答えた。

「かなり有利な?」

朝日が尋ねた。

「あくまでシステムを完成させるか、損害額の大部分を賠償させるかです」

「全面的勝利とまではいかんのか」

朝日の問いに、今度は江守が答えた。

「こちらにも非はありますので。しかし、このままではウチはハップハザードに大枚を払った挙句、何も手に入らないことになります」

「しかし」

朝日は二人の言葉を聞いてもまだ疑問の残る様子だった。

「聞くところによると、プロジェクトの遅延は人事部がプロジェクトに協力しなかったからだと聞いたが」

「それでも」

豆田が口を開いた。

「勝つのはウチです」

〝誰でもない人間〟のキモチ

二人が社長室から出て行ったのを見届けてから、朝日はスマートフォンを手に取った。

「ああ、ミズキか。元気にしてるか？」

「まあ、元気だよ。どうしたの？ 突然」

ミズキの声にはなんの喜怒哀楽も感じられない。

「別に、ただ声を聞きたいと思ってな」

「そんなに気を遣っていただかなくても」

よそよそしい声に朝日は眉をしかめた。

「別に気を遣ってるわけじゃないさ」

「いいよ。こんな、なんでもない人間に気なんか遣わなくて」

「なんでもないって、私はミズキのことをそんな風に考えたことはないぞ」

朝日の声にやや怒気が混じり始めたが、ミズキの冷たい口調に変化はなかった。

「そう？ いままでずっと、ほったらかしにしてきたくせに。ずうっと」

「そ、それはすまないと思ってる」

「今は、もうどうでもよくなっちゃったけど、辛いんだよ。自分が何者なのか、分からないって。私はずっと孤独だった。その間、私は誰の娘でもなく、恋人でもなく、妻でもなく、母でもない。いてもいなくても誰も気にしない人間だった。それって一番辛いことだって分かる？」

「……」

「今は、お芝居とマー君のおかげで、少しずつ自分の立ち位置が分かって、人生に対するやる気も出てきたけどね」

「ミズキは、私の……」

そう言いかける朝日をミズキの言葉が制した。

「やめて今更。もう、私に構わないで」

ミズキはそういうと電話を切ってしまった。


広い社長室で朝日は言いようのない孤独に襲われた。

「自分が何者であるか……か」

お金を払えば、ベンダーはプロジェクト成功に必要な働きをしてくれる。発注側はそう考えがちです。確かに、ベンダーも契約上の債務は果たすかもしれませんが、実際のシステム開発ではベンダーが予め決められた役割を淡々と果たすだけでは、良いシステムを作ってはもらえないことが多数あります。

役割を超えてベンダーに協力してもらう必要がどうしても出てくるのですが、その為には発注者も必要な協力をすること、そしてベンダーにモチベーションを上げてもらうことが、どうしても必要なようです。

ユーザーに必要な我慢

システムをベンダーに依頼して開発してもらう場合、ユーザー側には「もしかしたら契約で決めた以上に我々がベンダーを助けなければいけないかもしれない」というちょっとした心の準備が必要です。

例えばオーダーメイドの洋服を作るとき、顧客は自分のサイズや希望するデザイン、生地などを伝えてお金を払えば、あとは全てテーラーにお任せということになり、数日後に出来上がった服を受け取りに行くだけです。しかしシステム開発の場合はそうはいきません。開発中ずっとベンダーと打ち合わせを行ったり、様々な情報提供や判断を行わなければいけません。

無論、そうしたことは契約上の責任でもありますから、仕方のないことではありますが、ユーザーは、そうしたことを超えてベンダーを支援しなければならなくなることが珍しくありません。システム開発を行っていればベンダーの作業が遅れてしまうことはよくあります。そうしたときユーザーは、契約書にはないテストデータづくりを行わなければならなくなったり、本来なら作って貰うべきドキュメントを一部あきらめたりすることもあるわけです。また開発の遅延に応じて、社内外に様々な調整をしたり、叱られたりすることも珍しくありません。本来なら、そうしたことを遅延の原因であるベンダーが責任を取って行って欲しいところではありますが、現実には**それを行えるのがユーザーしかいない**という場合が多いものです。

こうしたことは遅延だけではなく、様々な問題の発生に応じて出てきます。本来ならベンダーに全部やって欲しいのに、自分達が手を動かさなければならない、考えなければならない、頭を下げなければならない、システム開発のユーザーはいつでも、そうしたリスクと隣り合わせです。

とはいえ、そうした協力をしなければプロジェクトは失敗してしまいますし、これを理由に代金を減額するということもやりにくいものです。ユーザーにはベンダーに対する忍耐力も必要ということでしょう。

もっとも、これはベンダーにも当てはまることで、**ユーザーがしかるべき情報提供をしてくれない、判断をしてくれない、ユーザー部門間の調整をなぜか自分達がやっている**などの我慢をベンダーもしています。結局のところ、ユーザーとベンダーは、お互いに**「自分達の方が7：3で我慢している」と思う程度が、実はちょうど良い**のかもしれません。

第５章

ベンダーコントロールの仕方　まとめ

- システム開発において、「お客様は神様」ではないことを肝に銘じる。
- お客様ではなくプロジェクトメンバーの一員として、社内の意思決定の促進など、発注側にしかできないことを着実に行うことが必要。
- ベンダーのモチベーションの低下は、じわじわとプロジェクト全体の進捗に影響する。
- ベンダーの担当者の名前を覚え、口に出して感謝を伝えよう。あたりまえのようで、意外にできていない発注者は多い。ピンチの局面では、日ごろの関係性が必ずモノを言う。

第6章

ユーザーのあるべき姿

プロジェクトがどうしようもないほどこじれると、訴訟になることがあります。そしてその発端は、ユーザーの無関心、たったそれだけのことだったりするのです。

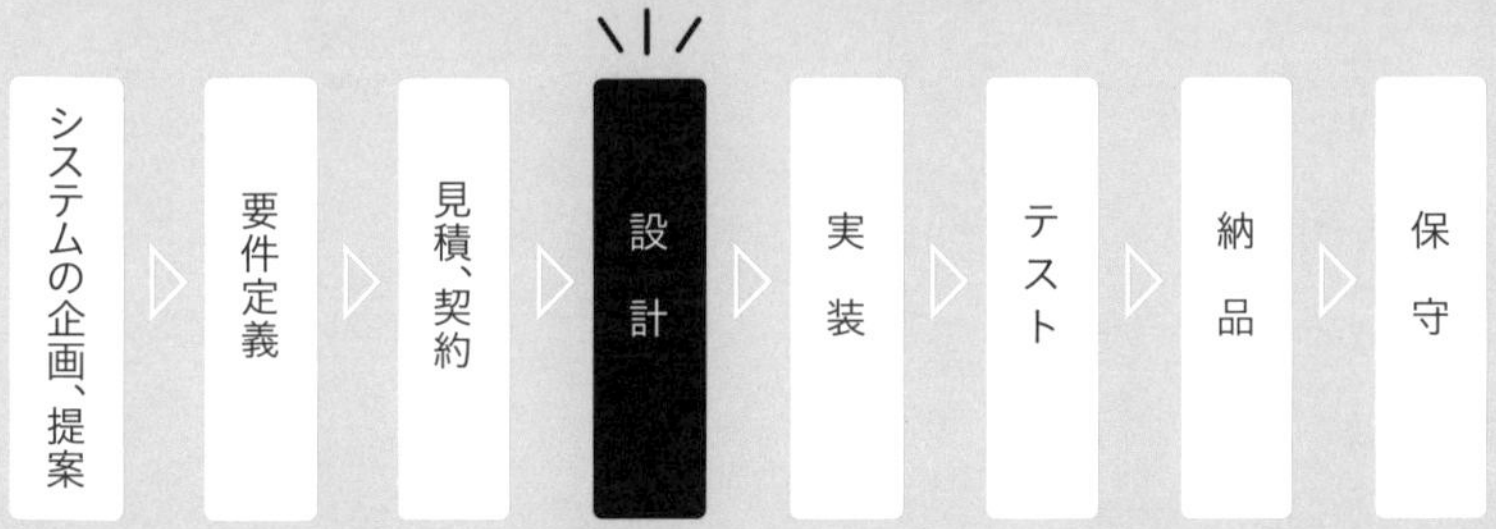

登場するプロジェクト

人事システムのリニューアル

どんなプロジェクト?

4章参照

この章でできるようになること

・ベンダーの「プロジェクト管理義務」とユーザーの「協力義務」がわかる

・やる気を失ったベンダーへの働きかけの方法がわかる

ハップハザードの契約解除に伴い、アサヒではいよいよ訴訟の準備が始まりそうです。しかし、マサトはなんとか訴訟を回避してプロジェクトを継続できないかと腐心します。ベンダーにモチベーションを取り戻してもらうこと、そしてユーザー自身も積極的に開発に参加する姿勢を持つことがプロジェクト再開のポイントであることにマサトは徐々に気づきますが、実際、そうしたことはどのようにして実現できるのでしょうか？

プロジェクト管理義務とユーザーの協力義務

「もう訴状は作ったのか？」

室内に漂う重苦しい空気の中、朝日社長が豆田に尋ねた。

「いえ。今、顧問弁護士と相談をしているところです」

豆田が答えた。


マサト達がハップハザード社を訪問した翌日、今後の対応を検討する為に人事システムの主だった関係者として社内のＩＴ全体を統括する江守専務、人事課長の谷川、それにＤＸ室の豆田と角田の４人が社長室に集められていた。

「まだ相手からの契約解除通知が正式には来てないから、こっちも訴えるってわけにはいかないでしょ？」

　江守が言った。

　ハップハザードが未完成のシステムを放り出してプロジェクトを打ち切れば、その時点までにアサヒが被った被害、つまりハップハザードに既に支払った代金の一部や開発用に借りたクラウドサービスの費用、社員にかかった人件費等の費用を求めて訴訟を提起できるが、まだ正式に契約解除の通知を受け取っていない段階では訴訟の理由がない。その点は江守の言う通りだった。

　朝日は江守の回答に小さく頷いた後「しかし、こちらが訴えれば相手も黙っちゃおらんだろう」と呟いた。

「当然、相手は契約を解除せざるを得なかった責任はアサヒ側にあると訴えるでしょう。契約書に記す開発費用の残額★等を請求すると思います」

　豆田の答えに、朝日の視線は豆田の隣で真っすぐに朝日を見つめている角田に移った。

「ウチの責任というのは？」

　その問いに答えようとする角田よりも早く、谷川が口を開き「当方には思い当たることなどありません。い、言いがかりです」と早口に言った。

「君には聞いとらん」

　朝日のやや怒気を含んだ声に谷川は少しだけ口を開いたまま黙り込んだ。

「私の思料いたしますところ」

★POINT　システム開発では、最終的に全額を払うのではなく、工程の区切りなどで順次支払いを行っていく方法もある。

角田がメガネの奥の目をやや光らせて答えた。

「所謂、ユーザーの協力義務違反を相手は主張する思惑かと」

「協力義務違反？」

朝日が眉をひそめた。

「これは過去の判例★からも明らかですが、**システム開発を発注したユーザーには、受注者であるベンダーに対して、必要な情報を適時に提供すること、必要な決定事項についてユーザー内の意見をとりまとめて、これも適時にベンダーに伝えることなどが義務とされています**。今回のプロジェクトでは残念ながら人事部がこれらを全うしたとは言い難く」

その言葉に、顔を真っ赤にした谷川が噛みついた。

「な、何を言ってる。わ、我々は、できることを精いっぱい努力した！」

「重要事項を決定する会議への度重なる欠席やドタキャン、ベンダーから求められていた接続先システムとのインタフェース情報やデータ定義などの提供遅延など、こちらの協力不足は明確かと」

「仕方ないだろう。どうしても外せない用事が突発的に発生することだってある。接続先の給与システムの担当者だって、すぐに返事をできないことだってあるんだ」

「しかし、それではベンダーも作業はできません」

角田の目が再び光った。

「だから我々は精いっぱい協力したんだ。ベンダーだってプロなんだから、そのあたりはなんとかするもんだろう！」

★POINT
東京地方裁判所 平27年3月24日 判決では、既存システムとのインタフェース仕様などについて要件をとりまとめ、適時にベンダーに提供しなかったユーザー企業の責任を問う判決が下された。

谷川の声が更に高くなったが、角田の表情はあくまで冷静なままだった。

「〝協力〟では不足しています。システム開発のユーザーは、あくまで開発メンバーであり、ベンダーと共に能動的に動くべき要員です」

「こ、こっちは客だぞ！なんで〝開発メンバー〟なんだ？〝丸田〟だっけ？君は、ウチのことをまだ何も分かってないんじゃないか？皆、忙しいんだ！」

「〝角田〟ですよ、谷川課長はどうも、人の名前を覚えるのが苦手なようですね。ベンダーのメンバーもそのことを嘆いてました」

「そんなこと関係あるか！」

その言葉に角田が初めて声を荒げた。

「システム開発を行うなら、他の仕事を劣後させることも検討しなければなりません。会議に出られないなら、必要な決定権を誰かに移譲して対応することも必要です。そうしたことができないなら、進捗の遅延を受け入れるべきですし、それすらできないなら、そもそも人事部にはシステムを開発する資格などないということでしょう」

「何を貴様！」

立ち上がりかける谷川を朝日が「待て」と言って制した。

「これから訴訟を行おうというのに、こちらが仲間割れをしてどうする。システム開発ではユーザーにも当事者意識と努力が必要であるということは私も分かっている。そのあたりはこちらとしても弱みなのかもしれんな」

「社長！」

声を上げる谷川を朝日は「いいから」と再び制した後、豆田に視線を移した。

「それでもウチは勝てるのか？」

朝日の問いに豆田が小さく頷いた。

「DX室内で過去にあった裁判の例を調べました。ウチにも一定の義務違反はあったかもしれませんが、相手もプロジェクトマネジメント義務違反を問われることになるでしょう」

「プロジェクトマネジメント義務違反？」

「この義務の範囲は非常に広いのですが、今回の場合、例えばこちらの諸決定や情報提供の遅れについて、分析し、これが今後のプロジェクトにどのような悪影響を及ぼすか、それを回避したり影響を軽減させる為にどんな手立てがあるかを説明し、ユーザーの行動や決断を促すことが求められます。ハップハザードはそうしたことをせず、ただこちらにいい顔をするだけでした」

「〝大丈夫です。頑張ります〟って感じか？」

朝日の言葉に谷川が色めき立った。

「そうです！ハップハザードはいつでも〝なんとかします〟と……」

「相手は金を貰う身だ。そりゃあそう言うだろう。君達人事部だって、常識的に考えて、自分達の態度が正しいとは思ってなかったんじゃないか？」

朝日の目が鋭くなった。その言葉を聞いてから豆田が続けた。

「過去の裁判例★によると、ベンダーにはユーザーの開発への関わりを管理するという義務がありま

(→) ジェクトでも、ベンダーにはそうしたユーザーをコントロールしてプロジェクトを成功に導く責任があったとの判断が下されました。

す。ユーザーが自らの役割を果たさなかったり、あるいは果たすのが遅れるような場合、ベンダーは専門家として、そうしたことがもたらすリスクをユーザーに説明し、役割の履行を促す義務があるようです」

「権利ではなく義務なのか」

朝日の問いに豆田が頷いた。

「情報提供や意思決定に限らず、プロジェクト中に発生する様々なリスクや課題についてもベンダーはユーザーに説明し対策を検討する義務があります。それどころか、**例えばユーザーが要件を追加するなどしたとき、必要に応じてスケジュールを延ばして欲しい、他の要件を落として欲しい、追加費用を出して欲しいなどを要求するのもベンダーの義務です**」

「追加費用の見積もりも義務なのか。驚いたな」

朝日はそう言ってから谷川の方を見た。

「君らに諸決定の遅延があったとき、ベンダーはただ大丈夫です、頑張りますと言ってただけなんだな?」

「は、はい」

谷川は背筋を伸ばしてから答えた。

「仕様確定日を過ぎてから、新たな要件を要望したことは?」

「そ、それは多少は……」

「そのとき、相手からはスケジュール変更とか既存要件の削除はなかったんだな?追加費用の見積も

★POINT 東京地方裁判所 平成16年3月10日判決では、ユーザーが一度決まった要件を何度も翻したり、追加したりしたことが主な原因で失敗したプロ(→)

りもなかった。それでいいんだな」

「……は、はい。大丈夫です」

谷川の顔は角田に反論していたときの赤い色から、今はやや青白く変わっていた。

「では、訴訟の準備だな」

朝日の目が鋭くなった。

ベンダーのやる気を失わせるもの

同じ日、マサトは若田と共にハップハザードの佐藤一郎を訪ねた。アサヒがハップハザードに対する訴訟の検討を本格化させていることはマサトの耳にも入ってはいたが、もしハップハザードが契約解除の方針を改めてくれるなら、そんな必要はなくなる。

正直、誰に何を言えば作業を続けてくれるのか全く分かっていない。プロマネの則田や営業担当の三谷は取り付く島もない様子だった。

しかし、担当の佐藤から現場の様子を聞けば、何かしら解決の糸口が見つかるかもしれないとマサトは期待とも呼べない淡い思いを抱き、自ら若田を誘って出かけることにしたのだ。豆田には敢えて相談しなかった。

「さて、何からどう話したもんかねえ」

通された応接室で佐藤を待ちながら若田がマサトに言った。

「正直、なんにも作戦ないんですよね」

下を向くマサトに若田が「だよねえ」と言った。

「今回のプロジェクトですけど、やっぱりベンダーのメンバーが皆、やる気なくしちゃったのが問題だったと思うんです」

「だよねえ」

「角田さんの話を聞く限り、人事部の対応はなんていうか受動的だし、いい加減な感じもするんですが、例えばベンダーさんがもっと積極的だったら、ウチの役割について、もっと必死につついて急がせたでしょうし、対策も何か考えたでしょう。多少だったら残業だってしてくれたかもしれません。でも、角田さんによると、ハップハザードはやる気をなくしていて、そうした努力をしてくれなかった」

「だよねえ」

「だから逆に、何か彼らにやる気を出してもらえれば、それが一番じゃないかって。契約解除されて新しいベンダーを探すより、そっちの方が結局みんな幸せになるんじゃないかって」

「だよねえ」

「若田さん、聞いてます？」

マサトが振り向くと、そこには手に持ったスマホに何かを打ち込んでいる若田がいた。

「だよねえ……えっ？　あっ何？」

「もういいですよ」

口をへの字にしたマサトに若田が慌てたように「ごめん、ごめん」と言った。

「忙しいなら帰ってもらってもいいっすよ」

そういうマサトを今度は若田が見つめた。

「きっと大丈夫だよ」

「えっ？」

「ハップハザードはきっと分かってくれる。マサト君のことを信じてね」

ニコリと微笑む若田にマサトは首を振った。

「デマカセはやめてください」

拗ねたように言うマサトに若田は小さく頷いた。

「うん。デマカセかもしれないねえ。でもさ、デマカセでもなんでも、きっとうまく行くってマサト君自身が考えてなかったら、相手も乗って来てくれないよねえ。絶対」

「そりゃ、そうですけど」

「相手の心を変えようと思ったら、説得する方が自分を信じて、ていうか自分の考える明るい未来を信じて語りかけることじゃないかなあ。その思いを相手に伝染させることが大事なんじゃない？」

マサトは言葉を失った。まさか若田がこんなもっともらしいことを言うとは想像もしていなかったのだ。

そのとき、応接室のドアが開き佐藤が入ってきた。若田とマサトは同時に立ち上がった。

「そ、そんな、どうか座ってください」

と佐藤は言い、二人が再びソファに腰かけるのを見てから自分も座った。

「今、色々とややこしい時期なんで、あまりアサヒの人と勝手に会うのは……」

佐藤はそこまで言うと口ごもった。

「あの……」

マサトの方も何から話して良いのか分からずに黙ってしまった。自分の言いたいことは漠然とはあるものの、それを整理して言葉にすることができなかったのだ。

「お忙しいところ、すみませんねえ」

若田が明るい声で言った。

「いやあ、ウチとしてはなんとか御社に作業を続けて欲しくて、それをお願いにね」

佐藤はあまりに明るい若田の様子に目を丸くしたが、やがて小さく首を振った。

「そんな話を私にされても……それに私自身も、正直もうこのプロジェクトにはやる気が持てなくて」

「分かりますよお」

若田が言った。

「ウチの人事がちゃんと協力しない上に要件の変更が後から後からやって来る。それをなんとかしようと努力しても、別に感謝されるわけでも、謝罪があるわけでもなく、そんなの金を払ってるんだから当たり前って態度。そんな感じかな？」

若田の言葉に佐藤は小さく微笑んで「分かりますか」と言った。

「ウチの角田からの話や谷川の態度を見てれば大体ねえ。プロジェクトにリスクが発生しても、なんの相談にも乗ってくれず全部丸投げ。こっちの努力を認めてくれないし、なにせ無関心で、全部が全部〝良きに計らえ〟だもんねえ」

「ユーザーさんの無関心はやる気を削ぎます。こちらの努力を認めてもらえないのもそうですが、それこそ名前も覚えていただけないで、いかにも業者扱いですし、なんでも勝手にやっておいてくれって姿を見ると、相手もやる気がないのかななんて思えちゃって。それでもまだ仕事ですからやることはやるんですが、結局、プロジェクトのスケジュールが遅れに遅れて、納期を守れそうもないと言った途端に、怒鳴りだしたんですよ。谷川課長」

「怒鳴りだした？」

マサトが聞き返した。

「ええ。それまで何も言わないどころか、ろくに会議も出なかった人が、突然〝お前らどう責任をとるんだ！〟ってすごい剣幕でした。ただでさえ、やる気をなくしていた上に、あれですからね。もう私達も心の糸がプツンと切れたっていうか」

「それで契約解除ですか？」

「もちろん、それだけで解除なんてならないですが、御社側の態度が原因で作業が遅れて当社の赤字も膨らむ一方ですし、このプロジェクトの後にやる次の仕事もできなくなるんじゃないかってこともあって、だから解除に動き出したんです」

マサトは言葉に詰まった。人事部の態度について聞いた話は、ここに来る前に角田に聞いた話と一致する。その上、ベンダーの経営的な問題にまで及ぶとなると、そう簡単に翻意などしてくれそうにない。

「すみません。もういいですか？　次の打ち合わせもあるんで」

佐藤の言葉にマサトは何も言うことができなかった。

「やあやあ、どうもお忙しいところすみませんでしたねえ」

若田が立ち上がりながら言った。

「じゃあ、弊社の担当を全部変えて、人員もなんとか増やしてもう一度仕切り直せば、解除せずに済むってことですかねえ」

「はあ？」

佐藤とマサトが同時に言った。

「だって、そうすれば全部解決じゃない。ウチの角田とだったら、それとこのマサト君とだったら、きっとうまく行くと思うんだけどなあ」

「いや、それは……」

佐藤が苦笑いを浮かべた。

「僕だってね、佐藤さん、角田から、あなたの働きを聞いてますよ。プロジェクトの進捗も論理的で分かりやすいし、設計なんかもセンスを感じるって言ってました」

「そんなことを？」

「ええ。あなただけじゃない。プロマネの則田さんは、ちょっと保守的だけどとても手堅いとも言ってました。〝業者扱い〟なんて人事の連中だけですよ」

そういう若田に佐藤が微笑んだ。

「確かに、若田さんみたいな方ならうまくいくかもしれませんね。でも、もう遅いです。ウチの方針は契約解除で決まってますから」

「いえいえ、もう少し考えてみてくださいな。このままじゃ、このプロジェクトがお互いにとって黒歴史になっちゃう。お互いに歩み寄れば、佐藤さんみたいに優秀な方と、ウチの、一応はプロジェクトづくりを分かる人間が協力すれば、きっと楽しい仕事になると思うなあ」

若田の言葉に佐藤はしばらく黙った後、「分かりました」と言った。

「若田さんと内田さん、それに角田さんがやってくれるなら、私も少しは気持ちを立て直すことができるかもしれません」

「本当ですか？」

マサトが叫んだ。

「いえ、私がそう思ったからって、周りが変わってくれるかは分かりませんが、とりあえず今日のお話は則田と三谷に伝えます」

佐藤はそう言うと小さく微笑んだ。

帰りの駅に向かう道でマサトは少し前を歩く若田をずっと見つめ続けていた。まさか若田があのようなことを言える人間だとは思ってもいなかった。

「若田さん」

マサトが若田の背中に声を掛けると若田が首だけをマサトに向けた。

「ん？何かな？」

若田の顔は相変わらずさわやかだ。

「な、なんていうかすごいですね。あんな説得ができるなんて」

「別に説得したってわけでもないよお。ただ思ったことを言っただけで」

「もしかしたら、これでうまくいくかもしれませんよね」

マサトの言葉に若田は再び前を向いてから「だといいねえ」と言った。

その姿を見ながら、マサトの心には小さな炎がついた。なんとかして、このプロジェクトを復活させたい。アサヒにもハップハザードにも裁判など百害あって一利なしのはずだ。あの佐藤にとってもアサヒのプロジェクトを黒歴史になどせずに済むし、人事部には反省が必要かもしれないがシステム自体は仕事に必要なはずだ。

なんとかして、なんとかしてこの問題を解決したい。マサトはＤＸ室に入って以来、初めてといって良いほどに気持ちを高ぶらせていた。

ここぞというときのステアリング・コミッティ

「ちょっと無理なんじゃない？」

翌朝、マサトは豆田に昨日の佐藤との面談の様子を報告した。

若田の能天気な説得の様子を見て、もしかしたら佐藤をはじめとするメンバー達がやる気を取り戻してくれるのではないか、そうすれば契約を継続する可能性もあるのではないかとマサトにしては珍しい熱い口調で話したが、豆田は小さく首を振った。

「その佐藤さんて担当がどんな様子だったか分からないけど、ベンダーとしても赤字が膨らむばかりで次のプロジェクトの開始も迫ってるとなれば、アタシが社長だって、ウチとのプロジェクトは損切り覚悟で契約解除するわ」

「で、でも、ウチが費用を追加してベンダーの要員も増加させればなんとか。ウチだって新しいベンダーに頼むよりは、コストをかけずに済むはずです」

マサトの言葉を聞いた豆田は視線を席に座ってスマホを眺めている若田に移した。

「アンタはどう思う？若田」

「はいはい」

声をかけられた若田は席に座ったまま顔だけを豆田に向けた。

「アタシは、相手の担当者をその気にしただけじゃあ、何も変わらないと思うけど」

そういう豆田に若田は頷いた。

「まあ、僕もそうは思いますねえ。でも、マサト君がこんなにやる気になってるんですからなんとか……こういうときはやっぱりトップ会談ですかね」

「トップ?」

豆田が呟いた。

「ウチが出さなきゃいけない追加費用も、ハップハザードの経営や人員補強とかも、要はトップ同士が話をして納得すれば解決じゃあないですか?結局、これから頑張って納期に間に合わせるのがお互いにとって一番なんですから」

「アンタにしちゃあ、言うことがまともね。確かに、世の中にはステアリング・コミッティ★ってものもある」

「ステ……?」

マサトが首を傾げた。

「簡単に言えば、**お偉いさん同士の話し合いね。お互いのプロジェクト責任者、プロマネや営業より上の人間で、事業責任を持つもの同士の話し合い**」

「事業責任……ですか?」

「ユーザー側とベンダー側でそれぞれ、プロジェクトの費用や利益に責任を持ち、最悪はプロジェクトを中断したり中止したりする権限を持つ人間同士の話し合いよ」

「そこで、お互いにプロジェクト継続が利益になるとなれば妥協点を探して続けられるってことです

(→)トを中止する権限を持つ人間が出席し、ベンダー側も事業責任を持ち、相当のコストオーバーを承認でき、社内の他組織にも協力を命じられる職責の人間が出席するのが理想。

か？」

マサトの目が輝いた。

「まあ、そうだけど……この場合、ハップハザード側の事業責任者は？」

「よ、よく分からないですけど、そんなに大きな会社じゃないから社長ですかね」

「じゃあ、こっちも朝日社長ってことになる。アンタ、今、戦闘モードになってる社長を説得できる？」

「ぼ、僕がですか？」

マサトが目を丸くした。

「アタシは嫌よ」

豆田が口を尖らせた。

「ど、どうして？」

「だって、アタシは契約解除派だもん。そんな人間に社長の説得なんてできない」

「そんな」

「僕も無理だなあ」

若田が言った。

「大丈夫です。ハナからアテにしてません」

マサトが言った。

★POINT　システム開発を行う際の最高意思決定組織。ユーザー側からは、システムの主要要件や納期、コストを変更したり、場合によってはプロジェク（→）

システム開発を〝自分の仕事〟にしてベンダーと対峙する

「社長を説得？　なんか大変だね」

その夜、ミズキの部屋を訪ねたマサトは話の流れからハップハザードとの紛争の話をした。特に相談ということでもない。ただ世間話のついでに出ただけのことだった。

「マー君のところの社長さん、下の人間の言うことなんて聞くタイプじゃないよね」

ミズキの言葉にマサトは首を傾げた。

「ミズキちゃん、知ってるの？」

その言葉にミズキはハッとしたように目を見開いてから、

「あっ、うん。いや、写真で見たことあるから、どっかで。えっとどこだったかな。まあ、それでなんとなくそんなかなって」

と答えた。

「ふーん。そうなんだ。そういえば時々ネットの記事とかにも出てるもんね、社長」

「ああ、そう。多分ネットだったと思う。それよりマー君、今日は泊まってく？」

尋ねるミズキにマサトは首を振った。

「明日、早いから今日は帰るよ。色々と考えなきゃいけないし」

「そう。じゃあ、お仕事頑張ってね」

マサトの去った部屋で、ミズキはスマートフォンを取り上げた。

「もしもし？」

ミズキの少し震えた声に、相手の朝日泰平は大きな声を上げた。

「ミズキか。どうした。な、何かあったのか？」

先日、もう自分には構わないで欲しいと言ったばかりのミズキが電話をかけてきたことは、朝日にとって大きな驚きであり、喜びでもあった。

「う……ん。この間は少し言い過ぎたかなって、だから……ごめんなさい」

「いや、いいんだ、そんなことは。それより今度、一度ゆっくり会えないか？」

朝日は早口に言った。

「それは……まあ、考えとく。それより」

「それより……なんだ？」

「今、ハップハザードって会社と何か揉めてるの？」

＊

その後、数日の間、マサトはずっと考え続けていた。豆田の助力もないまま朝日社長に何を言えばよいのか、それ以前に社長に一社員がどうやって会いに行けば良いのか、それすらも分からずに考えあぐねていた。豆田はそんなマサトの様子をじっと見ていた。

さらに数日経ったある日、マサトの元に秘書課からメールが入った。驚いたことに朝日社長がマサトを呼んでいると言う。マサトはすぐに豆田の席に駆け寄った。

「室長、どうしましょう」

尋ねるマサトに豆田は落ち着いた声で
「どうするもこうするも呼ばれたんだから、行くしかないでしょ」

と言った。

「ぼ、僕は何を話したら……」

「さあ、とにかく聞かれたことに答えてればいいんじゃない？早く行きなさい」

社長室には今までも1、2度入ったことはある。

靴の埋まりそうな毛足の長いグレーの絨毯も、暗い色をしたマホガニーの壁もマサトは覚えてはいたが、たった一人で社長席の前に立つ重圧はやはり特別で、マサトは四方の壁に押しつぶされながら、絨毯に飲み込まれそうな感覚に襲われた。

「君は私に言いたいことがあるんじゃないのかね」

朝日の低い声がマサトの胃を直接揺さぶった。その緊張からマサトは体を真綿で絞められたように身動きできずにいた。

「どうなんだ？」

朝日の声に力がこもった。

「あ、あ、あの……ハップハザードの件……で、しょうか」

マサトがやっとの思いで言葉を発すると、朝日は「他に何がある？」と言った。

やはり一人でこの場には立っていられない。

マサトは思ったが、そうは言ってもこの場から立ち去ることはできない。たとえ、帰って良いと言われても、両足が棒のように固まって動くことができない。

「自分が話をしたところ、体制やプロジェクト計画を見直せば、ハップハザードが仕事を続けてくれる可能性はある。その方がウチにも相手にも傷が少なくて済む。ついては社長同士で話し合って、合意点を探して欲しい。そう言いたいんじゃないのか？」

「は……い」

マサトはやっとのことで声を絞り出した。豆田が江守を介して話を通しておいてくれたのだろうか。

「一昨日、話はした。ハップハザードの相田社長とな」

「ほ、本当ですか？」

マサトは初めて出たまともな声で言った。その様子を朝日はしかめ面のまま見つめてから小さく首を振った。

「残念ながら、やはり相手の契約解除の意思は変わらないとのことだった。いくらウチが追加費用を出して、相手が人員の増強をしたところで、そんな急ごしらえの部隊で開発を成功させる可能性は低い。次のプロジェクトの開始を遅らせるようなことはなんとしてでも避けたいとのことだった。プロマネや営業もできれば続けたいと言い出したようだが、やはり社長としてはリスクを避けたいということだ」

「そんな……なんとかならないのでしょうか。ぼ、僕ら頑張りますから」

「経営者同士で話し合った結果だ。ハップハザードはこれまでウチが払った費用の半分を返すと言ってきた。その代わりにウチも裁判などは起こさない。これまでハップハザードが作った要件定義書や設計書の著作権はこちらが貰う。それで手打ちだ」

マサトは何も言えずにいた。確かに合理的な判断ではある。しかし、もしかしたら自分の交渉で物事が大きく動いたかもしれないのにという残念な思い、一種のくやしさのようなものがマサトの心に沁みついて離れなかった。


「いかにも残念という顔だな」

朝日が言った。

「は……い」

「そういう思いを積み重ねて、一人前になっていくものだ。忘れるな」

朝日は相変わらずのしかめ面のまま言った。

「本来、君はこのプロジェクトの担当でもなんでもなかった。なのに、いつしかハップハザードとの関係を修復したいと思うようになった。何故だ？」

「それは……分かりません」

「私にも君の心は分からんがね。ただ豆田からの話では、君は今回の交渉を他人から命じられた訳ではなく自分で行動したそうだな」


確かに佐藤に会いに行こうと考えたのも、その結果、プロジェクト継続に向けて何かできないかと考えたのも自分だ。豆田や他の人間の意志に基づいて行動してきた今までとは違う。マサトは思った。

「今回、豆田は目指す方向が違うし、若田はアテにならん。そんな中、君は自発的に動いたからこそ、本来関係のないプロジェクトが〝自分の仕事〟になったんじゃないか？」

「そう……かもしれません」

「私は正直、ITのことはよく分からん。だが、ベンダーと仕事をするとき、ただベンダーのやることを見て、コメントをするだけでは自分の仕事にはならない。要件でも業務のイメージでも、ざっくりしたシステムのイメージでもなんでも、まずは自分がイメージを持って、何かを書いてみること、それをベンダーの持ってきたものとぶつけて議論をする。そんな姿勢が、システム作りを、我々のような素人でも〝自分の仕事〟にしてくれる。そんな気がするんだがね」

「そう……ですね。はい。そう思います」

マサトは徐々に明るさを取り戻した声で答えた。


「話はそれだけだ。戻って良い」

そう言われたマサトは一礼をして朝日に背を向けた。その背中に向かって朝日が声を掛けた。

「ああ、もう一つ。君は桜井ミズキという女性と付き合っているのか？」

マサトの背筋に電流が走った。マサトはもう一度振り返ると丸くした目で朝日を見つめた。

「あっ、いや、あの……なぜ……」

混乱して言葉が続かない。

「君が私と話したがっていることを教えてくれたのは、その娘だ」

この目の前にいる社長と自分の恋人がどう繋がっているのか、マサトの頭の中にグルグルと渦巻く何かが現れ、思考を混乱させた。

「まっ、そのことは、またいずれな」

朝日はそう言うと、その日初めて小さく微笑んだ。


結局、人事システムはＤＸ室が中心となり、新しいベンダーと共に再スタートとなった。ユーザー側のリーダーとなった若田は、「とにかく一緒に楽しくやろう、苦労はしても幸せになろう」という掛け声の下、ユーザー、ベンダーの区別のない雰囲気を作った。

角田は定量的な数値と論理立った考えでプロジェクトの状況やリスクを監視し、マサトは双方の調整役として働いた。

そして、初めて自分自身でシステムの構成イメージを書き、ベンダーとの話し合いにも臨んだ。マサトの描いた構成図はベンダーによって跡形もなく変更されたが、それでもマサトの心にはこれまでにはない充実感が徐々に育っていった。

ベンダーにモチベーションを持って働いてもらうには、ユーザーにも相当な苦労がありま す。他の買いものと違って、システム作りはベンダーのみで完成させることはできません。ユーザーとしての役割をきちんと果たした上でベンダーへのリスペクトも忘れない。他方で、ベンダーの活動はしっかりと監視して、必要なときには論理的に改善を求める。そして何より、ユーザー自身が作り手のつもりになって新システムやそれによって実現される新業務に自分なりのイメージを持つこと、それによってシステム開発を〝自分の仕事〟にすることが大切です。

プロジェクトの成否を左右するベンダーのやる気

システム開発は非常にスケジュールの立てにくい作業です。原因は色々とありますが、例えば同じプログラムを作るのに、ある技術者は１日で作るのに、別の技術者だと５日かかる場合があるのです。これはプログラミングに限らず、設計などでも同じです。そしてこの場合、１日で終わる技術者が特別に優秀で、５日かかる技術者が素人同然なのかというとそうでもありません。多少のスキルの差はあったとしても、まあまあの技術者と、イマイチな技術者程度であっても、この程度の差は出てしまうことがあります。

そして同じ技術者であっても、プロジェクトによってその生産性に大きな差が出ることもあります。その原因は様々ですが、ユーザーとして着目したいのは技術者達の〝やる気〟です。

やる気のある状態の技術者は、**何か分からないことがあったとき、同僚やネット、書籍などから有用な情報を積極的に集め、迅速に対処を考えてくれます**が、やる気のない状態の技術者は同じように調べものをしても、その範囲や深さが足りずに最適な解決方法を見つけられず、**作業が止まってしまうことがあります**。最終的にはモノができたとしても、そこまでにかかる時間が長くなったりします。また、もっと悪い場合には、他の作業にとりかかってしまい、こちらの作業がなおざりにされることもあります。

同じ技術者でも気持ちの持ち方一つで随分と生産性が変わってしまうもので、結局、それがプロジェクトの成功を左右する大きな要因になってしまうものです。ユーザー側からすると、そんなことまで気を遣うの？とも思ってしまうのですが、ベンダーの技術者の様子を見て、**時には褒めたり、頼りにしていることを告げたり、逆に気合を入れる為に厳しく接する**ことも現実には必要になってきます。

第６章

ユーザーのあるべき姿　まとめ

- システムを作るのはベンダーだが、それがどんなシステムで、使うとどんないいことがあるのかをユーザーが「自分事として」イメージできているかが大切。
- とんちんかんでもいい。自分で考えたイメージをベンダーに伝えてみよう。伝えることから、「できる」「できない」の検討が始まる。

コラム

定量的管理を活用できる人

人事システムが新しいベンダーと共に再スタートを切った。プロジェクトはＤＸ室が主体となり、マサトと若田、それに角田が担当となった。

ある日、ベンダーとの定例会議を終えたマサトが缶コーヒーを買おうと自動販売機の前にやってくると、そこには角田がいた。

「あっ角田君、お疲れ様。コーヒー？」

「いいえ、私は会議の疲労回復効果と抗酸化作用を考慮し、かつ、やはり会議で疲労した喉の回復も見込めるココアを購入したところ」

「あ……ああ、そう」

角田の理屈っぽい話に興味の湧かなかったマサトは黙り込んだ。角田の方もマサトと会話するメリットを論理的に導き出すことができずに、黙ってその場に立っていた。

気まずい沈黙に耐えかねたマサトは、何か角田が答えてくれそうな話題をと必死に頭を巡らせて、ようやく言葉を発することができた。

「そ、そういえば、か、角田君て、すごいんだね」

「何がです？」

「だって、ハップハザードが開発してたとき、開始から数週間後にはプロジェクトの破綻の可能性を分かってたんだよね？ このままじゃ半年後には3か月は遅れることになるって」

「ああ、あんなものはただの〝算数〟です。やり方さえ分かれば誰にでもできます。AIでも簡単に出せる予測ではなかったかと」

「そ、それでもそういうやり方を知ってること自体すごいよ。僕なんか全然……」

「ちょっと勉強すれば、あの程度のことは誰にでも」

「ああいうのって他にもあるの？」

「ああいうのとは？」

「なんていうか、その……プロジェクトの数字から色々と予測するような……」

「無論。人事システムでお話ししたのはアーンドバリューという手法を用いた進捗の予測でしたが、それ以外にも信頼度成長曲線というものを利用して納期時点での品質を予測したり、画面数やデータベースのテーブル数からベンダーの出してくる見積もりの妥当性を計ったり」

「やっぱり凄いね。うらやましいよ。僕なんかプロジェクト管理のことなんか何にも知らなくて、ベンダーさんが〝大丈夫です〟って言ったら、それをそのまま信じちゃうんじゃ……って、最近不安になるんだ」

マサトの言葉に角田のメガネの奥の目が光った。

「……しかし、私の思料するところ内田さんは、むしろ定量的管理を活用できる人ではないかと」

「活用？ どうして僕が？ そんなことないよ。だってプロジェクト管理の為の数式とか係数とか全然知らないもん」

首を振るマサトに角田が小さく微笑んだ。

「内田さんは、とても相手の気持ちに敏感です。ハップハザードの佐藤さんの言葉に一番敏感で熱心に聞いていたのは内田さんだったんじゃないですか?」

「そう……かな。でもそれが?」

「今回のように定量的管理の結果、プロジェクトの遅延を予測できたとき、私はそれをただ警告するだけです。でも、それだけでは問題は解決しません」

「そりゃ、解決までは……」

「内田さんだったら、そういうときどうします?」

「そりゃ、なんで遅れたのかって聞いたり……」

「聞くだけですか?」

「ど、どうかな?」

「内田さんは、色々と想像したり、心配したりするのではと思料するところ」

「想像?」

「御意。ベンダーの作業が遅れているなら、何か問題が起こったんじゃないか、誰かが倒れたりしてるんじゃないか、あるいは、実は思っていたより難しい技術なんじゃないかなどと想像を広げ、そして心配したのではないかと」

「そりゃ、色々と心配はするけど」

「私は問題の予兆を見つけても警告するのみで、あとはベンダーの申告を待つだけです。しかし内田さんは、あーでもないこーでもないと勝手に想像を広げ、心配し、一人で焦るのでは？なんの論拠も持たずに独りよがりに」

（確かに）

とマサトは思った。

自分には普段から臆病なところがある。豆田の顔色を窺っては、何か叱られるのではないかと心配するのは日常茶飯事だし、先日、社長室に呼ばれた時も、身に覚えは全くないのに、自分がなにか重大な失態を犯したのではないかとあれこれ想像を巡らせていた。

稽古で疲れたミズキが素っ気ない態度でマサトに接したときなど、別れを告げられるのではないかと怯え、やはりその原因を勝手に考え続けることもある。

「定量的管理で進捗の遅れや欠陥の増大を見つけたとき、もしかしたら、こうなんじゃないか、ああなんじゃないかと勝手に心配する、そういうことは至極重要だと」

「そ、そうかな」

「プロジェクトのリスクは見えにくいもの。その上、ベンダーは都合の悪いことを隠したがるのが常。内田さんのように勝手に色々と妄想して、相手に問いかける態度は実は貴重であると思料するところ。確かに多くは単なる杞憂かもしれません。しかしそんな心配事も10回に1回はあたるかもしれない。内田さんがなんの根拠もなく、〝誰か体調とか崩してないですか〟なんて聞いたら、〝じつは……〟ということになるかもしれない。そうやって見えなかった問題をあぶり出せれば、もしかしたら、何千万円、何億円というプロジェクトが救われるかもしれません」

「ま、まあ、そうかもしれないけど、そんな何億なんて」

「いえ、実際にそうやって破綻を防いだ大規模プロジェクトはいくつもあります」

「そうなんだ」

「他方、私のようにただ数字を見て、そこから先の想像を働かすことができない人間には、それができません。だから今回の人事システムでも、私は定量的管理で遅延の可能性を見つけても、そこから先、何もできなかった」

角田は、そこまで言うとマサトを正面から見つめ直した。

「私の見るところ、ＤＸ室において、そんな想像と心配をしてリスクをあぶりだせる、情けない臆病者は内田さんだけです」

「な、情けないって……」

「プロジェクト管理にはデータも大切。しかしながら、そこに人の感情が宿らなければ、正に仏作って魂入れずと思料するところ」

角田はそこまで言うと、「それでは」と言ってＤＸ室に戻っていった。

第7章

プロジェクトの手戻りへの対応

起きてしまった「手戻り」にどう向き合うか。ユーザーの人間性が最も試される局面です。

システムの企画、提案 ▷ 要件定義 ▷ 見積、契約 ▷ 設計 ▷ **実装** ▷ テスト ▷ 納品 ▷ 保守

登場するシステム

開発候補地選定システム

どんなシステム?

大規模住宅の開発候補地をAIが見つけてくれるシステム。土地の価格、広さ、形状、発展性、交渉難易度などのデータの集積を分析して候補を導き出す。

この章でできるようになること

・手戻りが発生した場合の、機能の優先順位のつけ方がわかる
・緊急時のベンダーとのコミュニケーションの取り方がわかる

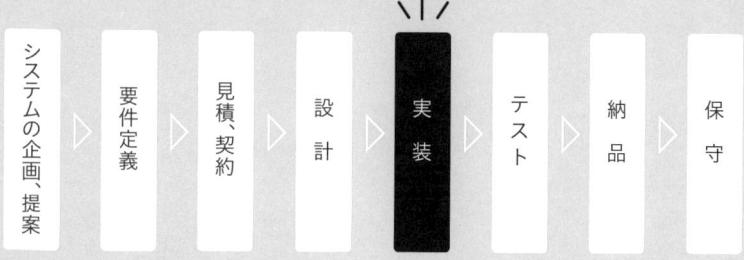

ＩＴ開発を行っているとき、多くの担当者が苦しむのが〝手戻り〟です。決めたはずの要件や上流設計が後になって変更となり、数か月分の作業がやり直しになるということも珍しくはありません。そうしたとき、最も傷を浅くするために、ユーザーが行うべきこと、心がけるべきこととはどのようなことなのでしょうか？

この章ではＡＩの導入時に発生した手戻りにマサトは悩むことになります。しかし、実はその答えは今までの経験から彼の中にすでにあるのです。それを気づかせてくれるのは、ある女性なのですが……。

失敗は誰のせい？

「し、失礼します」

マサトがそう言いながらおそるおそる専務室のドアを開けた途端、勢いよく飛んできた何かがマサトの顔面を直撃した。

「痛っ！」

瞬間、今、何が起きたのか分からないマサトだったが、自分の目の前に転がる空のペットボトルと部屋の奥に立ったまま彼を睨みつける江守専務の鬼のような形相を見て、すぐに状況が飲み込めた。

「バカなの？　アンタ！」

江守の甲高い怒声が、ペットボトルの底の角が直撃したばかりの眉間に響いた。

「……」

マサトは驚きと恐怖にただ口をパクパクとさせるだけだった。「申し訳ありません」でも「はい」でも、とにかく何か返事をしなければとは思ったマサトだが、喉と口と頭をつなぐ神経が分断されたかのように何も言葉になって出てこない。

「とにかく中に入ってらっしゃい」

そう言ったのは江守の隣に立つ豆田だった。見ると豆田も左のこめかみあたりをさすっており、その足元にはもう1本のペットボトルが落ちていた。

「どういうつもり？」

入り口を閉めて向き直ったマサトに再び江守の怒声が飛んだ。

「こんなに恥をかかされたのは初めてよ。その上、このままじゃあＡＩシステムのリリースは半年以上遅れる。アンタ達がついていながら、あんな基本的な要件がベンダーに伝わっておらず、検討されてないってどういうことよ！このままじゃあ、ウチの会社の株価だって、どうなっちゃうか分からない。アンタ、ウチの会社つぶす気？」

江守の視線がマサトに向けられた。マサトは何も言うことができず、ただ江守の罵声を正面から受け止めるしかなかった。

「専務、今回の件は必ずしも内田のみの責任という訳では……」

豆田がとりなしたが、江守は聞く耳を持たない。

「だって、この内田がちゃんと管理してりゃあ、何も起きなかったんでしょう? ねえ、そうよねえ……。ったく、だからこんなヤツ、地開のシステム開発のときにとっととクビにしときゃよかったのよ」

江守はそこまで言うと憤然として革張りの重役専用椅子に座り込んだ。

「専務、昨今、そうした言動はハラスメントとして責任を問われる場合も……」

そういう豆田を江守が睨みつけた。

「うるさいわね。今回の件でアタシと泰平ちゃんのかいた恥のことを考えれば当然でしょ」

江守は、目の前で青い顔をしているマサトを改めて睨みつけた。マサトは何も言うことができず、ただその場に立ち尽くすだけだった。

〝夢と希望〟が先行するシステム開発

アサヒ住宅販売には未開発の土地に大規模住宅地を開発する総合宅地開発事業部という部署がある。

社内では〝総宅〟と呼ばれるその部署は、主として郊外に大規模な土地を見つけて、そこに一つの街を作り上げる事業を行う。郊外の工場跡地や農地だった土地に新しく大規模住宅地を造成する企画を立て、それを実現する。大規模な分譲地やマンション群の建設に加え、大型商業施設の誘致や自治体、鉄道会社などとも協力して道路の拡充や新駅の建設などを行うことのある部署で、アサヒ住宅販売の売上の３割を稼ぎ出す花形だ。

その総宅が新しく開発候補地を自動で探すＡＩを導入する。

総宅にとって大きな悩みは開発する候補地の選定だ。開発の候補地とするには数多くの条件があるが、アサヒの地盤とする関東地方は平野部が広く、条件に合致する土地はそれこそ星の数ほどある。

その中から買取可能な価格と開発の可能性、そして将来的な発展が望める最適な場所を探すには担当者達が集める情報だけでは全く足りていないし効率も悪い。実際、土地を探しても現地を訪れると思わぬ障害に出会うこともあるし、近隣住民の反対にあうこともある。

土地所有者との買取価格が折り合わずに断念せざるを得なかったり、開発を行って売り出しても予定されていた交通インフラの整備の頓挫などで利便性が確保できずに住宅の売り上げが伸びなかったケースなどで、大きな損害を出してしまうことも一度や二度ではなかった。総宅の事業は当たれば大きい反面、多額の損害を出すこともある博打のような側面があった。

そこで総宅では各種の条件から開発候補地の選定を行ってくれるＡＩを導入することとした。

土地の価格、広さ、形状はもちろん地域全体の今後の発展性を人口動態や近隣の開発状況その他、様々なニュースなどから推測し、現在は安価に入手できるが、将来的には発展し、人気と注目を集めるような土地を選定するＡＩだ。

無論、土地の持ち主についての情報もインプットして買取交渉の難易度も分かる。しかもこのＡＩは単に開発候補地を選ぶだけでなく、そこにはどのような人がどれくらい住み、毎日どんな地域へ出かけるか、収入はどれほどか、休みの日にはどのような過ごし方をするのかもシミュレーションして見せてくれる機能も持つということだ。

これはＡＩの開発を請け負ったＩ－ＳＹＳというベンチャー企業の提案にあったものだが、完成すれば画面上にその街に暮らす人々の生活が３Ｄアニメのように映し出されたり、その土地への人口流入や成功するビジネス、商店などを予測したりといった機能も持ち合わせる。無論、これらは単なる想像図ではない。各種のデータに基づいて綿密に計算されて出来上がった予測である。

このＡＩは人智を超えた知性で未来を告げるものとして〝ヒミコ〟と名付けられた。

そして、この開発プロジェクトにはＤＸ室も参加していた。室長の豆田はもちろんのこと、ベンダーとの技術的な交渉は日暮が担当し、ＡＩに必須のデータ収集には角田があたった。小久保とレイカはプロジェクト管理を支援し、マサトはＡＩが実現する機能の要件取りまとめを担当した。

「そのＡＩの開発にマー君も参加するの？　すごいじゃない」

「い、いや僕は単に総宅とベンダーさんが話し合って決めるシステムの要件を取りまとめるだけだから、手伝いみたいなもんだよ」

開発プロジェクトが中盤を越えた頃、自分の部屋を訪れたミズキにマサトはヒミコ・プロジェクトのことを話していた。

「実際ＡＩなんて何も分かってないしね。僕は」

「だけど人工知能で新しい街を企画して、住民の暮らしをシミュレーション動画で見られたりするんでしょ?なんか小さな世界を作る神様みたい。ちょっとお芝居と似てるね」

「そう……かもね」

「だいぶ、ＤＸ室だっけ、そこの仕事も楽しくなってきたんじゃない？」

ミズキが微笑んだ。

「そう見える?自分じゃ分からないけど」

「うん。なんか顔がはっきりしてきたっていうか、やる気みたいのが出てる気がする」

ミズキはそう言うと缶ビールを一口飲んだ。その横顔を見ながらマサトは以前から彼女に聞きたいと思っていたことがあることを思い出した。気になっていたことと言っても良い。

「ミ、ミズキちゃん」

問いかけるマサトにミズキは顔を向けた。

「ん？」

ミズキが少しだけ首を傾げた。

「ミズキちゃんて、ウチの社長のこと知ってるの？」

その言葉を聞いた時のミズキの顔を、マサトは一生忘れないのではないかと思った。ミズキの普段は愛らしい丸い目が大きく見開かれるとともに、眉間に深い皺が寄った。顔色は青ざめ、唇は何か苦い薬を噛み砕いたかのように歪んでいる。これまで見たことのない、今にでも刃物で人を刺しそうな顔だった。

（何かまずいことを聞いたのか）

マサトは動揺した。ずっと以前にミズキは朝日社長のことを話したことがある。そのときミズキは単にネット記事で写真を見ただけだと言っていたが、その後、今度は朝日社長がミズキのことを口にした。

マサトは数年前に行われたアサヒ住宅のイベントのとき、コンパニオンのアルバイトとしてやってきたミズキと知り合った。そのときに、もしかしたらミズキと朝日が対面する機会もあったのかもしれないとは思っていたが、よく考えてみれば、そうだとするならネット記事で写真を見ただけというミズキの言葉は嘘か勘違いということになるし、朝日が自分とミズキの関係を気にすることも不自然だ。

そして、それ以上に今目の前にいるミズキの、これまでにない厳しい表情は二人の間に何か深い秘密があることを物語っている。マサトは何度か頭を振って、心に浮かんだ〝不倫〟という言葉を追い出した。

「僕、何か変なこと聞いた？」

マサトはそれまで肩が触れ合うほどだった上半身を少しだけミズキから遠ざけた。ミズキは視線を真下に落としたまま何も話さない。

１分か、10分か、あるいはもっと長くか、彼女はじっと黙ったまま部屋に敷かれた安物のカーペットを睨みつけていた。

「い、いや、いいよ。な、なんか悪いことを……」

言いかけたマサトをミズキは「いいよ」と遮った。

「えっ？」

そういうマサトの顔をミズキは真っすぐに見た。

「マー君には、いずれちゃんと言わなきゃいけないって前から思ってた」

ミズキの顔が徐々に普段通りに戻った。口元がほんの少しだけ、力無く綻んだ。

「あの人は……私の父親」

「えええ？」

マサトは思わず叫んだ。驚くとともに心の中には安心感のようなものが広がった。しかしミズキは相変わらずのしかめっ面だ。

「生物学上はね。でも、私は生まれてから一度も、あの人と暮らしたことはないし、今でも父親だと思ってない」

ミズキは再び缶ビールを一口飲んだ。マサトの方はビールを手に持ったまま動けずにいた。

「ど、どう言うこと？」

マサトはミズキの顔を覗き込んだ。ミズキは目を大きく見開いてから、

「あの人は、私と私のお母さんを捨てた」

と吐き捨てるように言った。

「捨てた？」

「そう。あの人は学生時代から私の母と付き合ってた。ところが母に子供が、つまり私ができた途端に私達を捨てて、別の女と結婚した。銀行の取締役の娘でね、その頃、独立して自分の会社を作った、あの人は相手の金とコネが目当てだったらしい」

「そんな……」

マサトはにわかには信じられなかった。これまで何度か会った朝日社長は厳しい人間ではあったが、大きなお腹を抱えた恋人を放り出して他の女性と金目当ての結婚をするような男にはどうしても思えなかった。

「し、信じられない。本当にそんな……」

「そうだよね。私だってこの話を親戚から聞かされた時にはショックだった。でも本当のこと」

マサトは首を傾げた。

「親戚って、お母さんは？」

ミズキは一つため息をついてから「死んだ」と言った。

「えっ？」

「私が小学校4年生の時、交通事故でね。だから私は、それからずっと一人きりだった。父親も母親も兄弟もいない。そういう人間の、子供の気持ちって分かる？」

「寂しい？」

「それもあるけど、なんだか漠然とした不安がずっとあるんだよ。自分が何者なのか分からないっていうか……」

「……」

「親戚の家に少しだけ居候してたけど、そこでも他人扱いだった。そう。この世の誰から見ても私は〝他人〟。そういうどうしようもない孤独感と不安みたいなものがずっとある」

「しゃ、社長とは、仲直りできないの？」

「冗談じゃない」

ミズキはそう言ってから少しだけ微笑んだ。

「きっとＡＩだったら、あの人と仲直りするのが一番とか言うんだろうね。家族になれば、きっと私の不安定な心も解決するし、お金のこと考えても、その方が楽。でも、人の心はＡＩじゃあ割り切れない。私は、ずっとこれからもあの人を恨んで生きていく。でもね、今はマー君もそばにいてくれるし、劇団の仲間もいるから昔ほど不安定な気持ちじゃない。劇団の仲間は本当に苦楽を共にしてるしご飯もいつも一緒。寝泊まりも一緒のことが多い。私に初めてできた居場所なの。だから……」

そう言いかけたミズキの目から一筋の涙が流れ落ちた。

結局、その夜、ミズキは、それ以上何も話さなかった。その後、彼らがこの話をすることはなかった。

手戻りの発覚は突然に

ヒミコの開発はその後、数か月に渡って順調に進められた。

AIの開発は通常、他のシステムと同じく要件定義とプロジェクト計画策定に始まり、関連データの収集とクリーニングやデータベース構築、利用するAIモデル★の選択と設計を行った後、プロトタイプの開発を行い、AIに様々なデータ投入と教育を施して完成させていく。

無論、画面などのUI設計やテストも行うが、これらについても通常のシステム構築と同じような手順を踏む。ヒミコもこれらのプロセスにより開発され、現在はリリース前の最終教育段階にあった。

そして、ヒミコが利用者達にお披露目される日がやってきた。正式な公開までにはまだ若干の教育と最終テストが必要であるが、この時点でもヒミコは開発候補地の選択や各種のシミュレーションなど予定された機能の実装も終えていた。

アサヒ住宅本社の中で一番広い会議室にはシステムの利用部門である総宅の本部長以下十数名の担当者が並び、江守専務も顔を見せていた。マサトは豆田と共に会議室のモニターから一番遠い席に並んで座っていた。

「アンタはヒミコが動くところ、もう見てるんでしょ？」

★POINT　一定の学習を終えた人工知能。通常AIベンダー等から提供され、ユーザーがこれを元に自分達に向けたAIのシステムを構築する。

豆田が尋ねた。

「はい。毎週の定例会の中で、部分的には見てます」

「変な動きとかしないでしょうね。今日は江守さんも見てるんだから、この期に及んでＡＩが変な答えを出したら大ごとよ」

「は、はい。多分、大丈夫だと思います」

「今日はメディアも見にきてる」

豆田が部屋の入り口付近に視線を移した。マサトも豆田の視線を追うように、そちらを見た。４人の見知らぬ男達が手にレコーダーやカメラを持ちながら立っている。

「あれは？」

「月刊リアルエステート、所謂業界誌の記者ね。それとコンピュータ・ジャーナル誌。住人の暮らしぶりや評判までシミュレーションして見せてくれるヒミコはＡＩとしても注目されてる」

それを聞いたマサトは、無意識のうちに背筋を伸ばしてから、

「大丈夫……だと思います」

と言った。


「皆様、本日はご多忙のところ、このように多数お集まりいただきまことにありがとうございます」

会議室の奥に設置された大型モニターの前で挨拶に立ったのは開発を担当したＩ－ＳＹＳというベンチャー企業の奥田社長だった。奥田はモニターに映された女王ヒミコのキャラクターを紹介した

後、ＡＩが開発候補地を選択するアルゴリズム★や各種のシミュレーション機能について一通りの説明を行った。

集まったメンバー達は皆、人間が行えば数か月以上はかかり、かつ不正確な場合も多い開発地選択やシミュレーション機能の内容に興味深く聞き入っていた。コンピュータ・ジャーナルの記者からはヒミコが利用しているＡＩエンジンやデータベースについて幾つかの細かい質問がなされた。

長くなりそうな記者とのやりとりを中断させたのは総合宅地開発事業部の小栗本部長だった。

「まあ、色々と興味は尽きないが、まずは開発地選択の結果から見せて貰おうか」

小栗の言葉に奥田は一度頭を下げてから言った。

「はい。この度は、アサヒ住宅販売様より投資額を１００億とし、最も利益を見込める開発候補地を東京・神奈川・千葉・埼玉から選んで欲しいとのご要望がありました。その結果、ヒミコが選んだ候補のベスト５がこちらになります」

奥田がそう言って、画面内の「結果表示」と記されたボタンをクリックすると５つの地区が画面に表示された。

１　神奈川県横浜市光区……
２　千葉県東房総市里見……
３　埼玉県越谷市野坊……
４　埼玉県茨市緑園……

★POINT　コンピュータがデータを処理したり、判断したりする手順。プログラムの根幹になる部分。

5　神奈川県相州市平野区……

「横浜の光区……」

小栗が呟いた。

奥田が小さく頷いてから光区の部分をクリックすると、その選択理由が表示された。奥田はその内容をかいつまんで説明した。

「この地域は都心まで車で40分の位置にありながらこれまで緑地のまま未整備であったところ、複数の私鉄や地下鉄の新駅が建設された上、来年の秋には大型のショッピングモールが建設されます。一方で、周囲にはまだ森林も残されており公園としての整備も可能ですから、ここに大規模マンションを建設すれば、かなりの人気になると、ヒミコはそのように言っています。無論、土地買収やマンションの建設費他、御社の投資額に対して十分な利益を見込むことができることも、ヒミコは計算した上でここが最適であると言っています」

「なるほどな。光区なんてところ、農地ばかりで情報もなかったところを簡単に探せるんだな。そこに4棟のマンションと700の戸建てを造成することで相当の利益があがる。これを瞬時に出してくるんだから、もう我々の仕事の半分は終わりって感じだな」

小栗は満足そうに頷き、集まった総宅のメンバー達も興味深そうに画面を見つめながら感心している様子だった。

ヒミコの動作をこれまでに何度か見ていたマサトは画面よりもむしろ、そうしたメンバー達の様子を見ていた。その概ね肯定的な様子に、これまで数か月かけて実施してきたプロジェクトの終了の目処が立った思いがして胸を撫で下ろしていた。

ところが、モニターとは反対側の壁近くから一人の男が声を上げた。月刊リアルエステートの記者だ。

「すみません、光区のその地域は確か市街化調整区域で宅地の造成は制限されていませんか？」

その一言に小栗の顔が曇った。江守専務も鋭い視線を奥田に送っている。

「それと……」

記者は続けた。

「越谷の野坊あたりは、確か風向きによって化学工場の臭いがかなりきついところです。そうしたこともＡＩは考えているんでしょうか。相州市については、この地域は確か土壌汚染も……」

記者の質問に場内はざわめいた。その中で小栗はぐるっと場内を見渡し、マサトの顔を見つけると声を上げた。

「どうなの？ＤＸ室の……君、担当だったな」

「えっ？」

マサトの顔が青ざめた。今日は日暮も別件で会議には参加していない。場内の視線がマサトに集中した。

「えっと、あの……」

言葉に詰まるマサトを見かねて豆田が口を開こうとしたが、それよりも早く江守専務が立ち上がった。

「こちらはまだ、テスト的なデータだけを投入してるってことなんじゃないの？　今のようなことは今後の材料としてヒミコに学習をさせていくんでしょ？」

江守の言葉はマサトに向けられてはいたが、実際のところは記者達に対するものだった。しかし、その言葉にI－SYSのメンバー達がほんの一瞬だか眉をひそめたようにマサトには思えた。

「学習はいいですが……」

今度はコンピュータ・ジャーナルの記者が声を上げた。

「そういう自治体の規制とか、環境や公害などについてのデータ格納や判断するアルゴリズムは組み込まれているのですか？　このAIは、もう2か月ほどでオープンと聞いていますが、そうしたものがないようでしたら、とても開発は間に合わないんじゃないですか？」

データ格納、つまりデータベースの定義や基本的な判断ロジックはAIのデータ定義や初期的なプロトタイプ段階で検討されている必要がある。これらが未整備であるなら、プロジェクトは数か月前の設計段階に戻って再検討を余儀なくされる。

オープンは早くとも半年程度遅れるだろう。

「それは……どうなの？」

江守がマサトを見つめた。皆の視線を浴びながら、マサトは何も言えずにI－SYSのメンバーに視線を送った。すると奥田がゆっくりと立ち上がった。

「いえ、そのあたりはヒミコに組み込むという予定はありませんでしたので……」

その言葉に場内は騒然となった。

「じゃあ、こんなＡＩ事実上使えないんじゃないのか？」

小栗がマサトと豆田に向かって怒鳴った。

「どうなんだ？２か月後には、このあたりを修正してオープンできるのか？」

小栗の言葉に場内は一層ざわめいた。記者達の視線は厳しくなり、開発ベンダーのメンバー達は皆、首を傾げたり下を向いたりして一言も言葉を発しなかった。豆田が立ち上がり、

「具体的なリリース計画について、再度検討させてください」

と言ったが、小栗は全く納得していなかった。

結局、ヒミコのお披露目は、その時点で中断となり、ほとんどの機能を見せることはできなかった。会議の終了後、江守は豆田とマサトを専務室に呼び出し、マサトに向かってペットボトルが投げつけられた。


なんとしてでも２か月後にヒミコをオープンさせろ。これが江守から下された厳命だった。

「どうしましょう」

ＤＸ室に戻ったマサトが豆田に尋ねたが、豆田は意外なことに小さな微笑みをマサトに向けた。

「どうしましょうって、やるしかないでしょ。ヒミコは２か月後にオープンさせるしかない。そうじゃなきゃ、あの記者達が、不動産業界やＩＴ業界に対して、アサヒはダメＡＩを開発したと面白おかしく書くことでしょうね」

「そ、そんな意地悪な人達には見えませんでしたけど」

「不動産業でもＡＩの活用は重大な関心事よ。その成功事例はもちろんいい記事になるけど、失敗事例も各々の業界内への貴重な知見としての価値がある」

「反面教師ってことですか？」

「そう。言ってみれば、アサヒは馬鹿の見本として扱われる」

「そんな！みんな一生懸命やったのに」

声を上げるマサトに豆田は首を振った。

「それが嫌なら、意地でも作り上げるしかない」

「でも、どうやって……これ、すごい手戻りですよ」

その言葉に豆田は真顔になった。

「よく考えてみなさい。アンタが今までここで経験したこと、その中に、きっと答えはあるはずよ」

その対応に奇策なし

その日の夜、マサトは自分の部屋でヒミコのことを考えていた。

（あと２か月で半年分の作業を完遂させる。そんなことできっこない）

マサトは思った。しかし、マサトのＤＸ室での経験の中に答えはあるはずと豆田は言った。しかも至って落ち着いた表情だった。

「室長、なんか心配してない感じだったけど……僕の経験ってなんだ？」

マサトはソファに腰掛けたまま天井を見上げた。

アスカの開発で皆に助けてもらったこと、業務フローの書き方を真野マリアに教わったこと、日暮に要件定義を、そして角田に定量的管理を教わったこと。マサトは今までＤＸ室で経験した苦労を一つ一つ思い出していた。

突然、ドアのチャイムが鳴った。誰だろうとマサトは思った。ミズキは今、地方公演に出かけていて東京にはいないはずだ。マサトは立ち上がって部屋のドアを開けたが、そこには誰もいなかった。

「おかしいなあ。悪戯かな？」

マサトが首を傾げて再びドアを閉め、振り返ると、一人の若い女性が立って真っすぐにマサトを見ていた。

「うわっ！だ、誰……って、ま、真野さん？」

現れたのは、マサトにシステム企画の方法を教えてくれたコンサルタントの真野マリアだった。

しかし、彼女が本当に実在する人間ではないことはマサトにも分かっていた。それでもプロジェクトの立て直しに悩むマサトには彼女の出現が嬉しかった。マリアは部屋の真ん中のソファの上に立ち、二つの大きな目でマサトを見つめていた。口元は柔和に微笑んでいる。

「私のこと、呼びました？」

マリアが言った。

「えっ、いや、そんなこと」

マサトが言葉に詰まっていると、マリアはソファから軽くジャンプをして降りた。飛び降りた瞬間に床から音はしなかった。

「アタシ、分かるんですよ。マサトさんが私に会いたいって思ってること。だから来たんです」

「そ、そんな。僕は別に」

「でも、さっきアタシのこと考えてましたよね。ミズキさんじゃなく、アタシに会いたいって。マサトさんは、今アタシを求めてる」

「そんなわけないよ！」

大きな声で反論すると、マリアはしばらくマサトの顔を見つめたあと、「へへっ」と笑った。

「カマかけました」マリアはそういうと満面の笑みを浮かべた。マリアの悪戯な笑顔に混乱したマサトは言葉もなく立ち尽くしていた。

「じゃっ、アタシ帰りますね」

マリアの言葉にマサトは目を丸くした。

「えっ、帰るって今来たばかりだよね？」

「もっといて欲しいですか？」

マリアは大きな目を更に見開いて笑った。

「いや……」

マサトは反射的に言ってしまった。

「ですよね。マサトさんはもう、自分がどうすれば良いのか分かったはずです」

マリアの言葉にマサトはしばらく何も言わずに考え、そして「うん」と言った。ぼんやりとだが、自分が今行うべきことが分かったような気が、いや思い出したような気がしたのだ。

マリアはそんなマサトの様子を見て頷いた。

「ああ、でも、一つだけマサトさんにアドバイスがあります」

「アドバイス?」

「ちょっと考えてみてください。軍隊とか警察とか大学の体育会とか、そういうところは皆、すごい縦社会ですよね。どうしてだと思います?」

「どうしてだろ」首を捻るマサトに、マリアは「考えてみてくださいね」という言葉を残して消えてしまった。まるで霧のように。

なぜ、軍隊は縦社会か

翌朝、マサトは豆田とヒミコ・プロジェクトの立て直しについて短く話をした後、アポイントをとって江守専務の部屋に向かった。

江守はマサトを専務席の前に立たせたまま話した。

「豆田からプロジェクトの立て直し方をアンタが話すから聞いてやって欲しいって言われたんだけ

ど」

「は、はい」

マサトは緊張で少しどもった。しかし、その目には激情型の江守に対する怯えたところはなかった。

「2か月後、当初の予定通りにヒミコをリリースするのは不可能です」

江守は無言のままマサトを見つめている。

「ですが、部分的にリリースします。ヒミコに本当に求められていること、つまりシステム化の目的に照らせば、住民の暮らしぶりのシミュレーションなど、必須でないものが多数あります。ですから、そうしたものを全て後回しにして、その代わり、開発候補地の選定条件を充実させます」

「小栗本部長は、あのシミュレーションこそヒミコの自慢だって、吹聴して歩いてたけど？ それに、マスコミだって、そこに注目して取材に来たはず」

「はい。それにベンダーも、ああいう先進的な機能にはやる気を出してました。しかし」

「しかし？」

「ヒミコの本来の目的は、総宅の候補地選定の正確性向上と効率化、メンバーの生産性向上だと考えました。声の大きな人や、物珍しさに惑わされず、**本当に必要なものは何か、それを優先させることと、周囲の納得を得ることが大切と考えました。**シミュレーションの優先順位は下げざるを得ません。2か月後には、候補地選定のみの機能でリリースします」

江守はしばらく黙ってマサトの顔を見ていたが、やがて「分かった」と言った。

「でも、これから2か月で最終テストまでやり切るのは至難の業じゃない？」

「残った作業のWBS★を作り直して、2か月で終了するように計算します。角田さんに昨夜メールでお願いしたところ、テストデータの準備や各種の学習をアサヒ社員がやって、更にベンダーのメンバーの中でも、作業担当を組み替えて貰えばなんとかなりそうという答えがすぐに返ってきました」

「すぐに？さすが角田だわ。でもベンダーの作業担当もいじるの？ちょっと越権行為に思えるけど」

「緊急時ですから。ベンダーとよく話し合い、合意できれば契約上も問題ないはずです」

「それもそうか」

江守が頷いた。

「はい。ベンダー内では、例えば単純なデータ作成や資料作りをベテランの有識者がやる場合が多かったそうです。これも日暮さんに昨夜、聞きました。**ベンダーさんのベテランは、本来、自分がやるべき作業ではなくても「自分がやった方が早い」とやってしまっていた**そうです。それが、難しい設計やプログラミングを遅らせることに繋がっていました。この辺りは本人達でも気づいていないんじゃないかって話です」

「なるほどね」

「それと、今後の作業は全てアサヒ本社内にベンダーに来てもらって行います」

「一緒に作業をした方がコミュニケーションが取れると？」

「それもありますが、我々とベンダーが一緒になって、お互いに助け合い、話し合いながら進めることが効率を上げることになると思ったからです。**一つの目的を共有したワンチームになれば、言われてないからやらないとか、自分達の役割ではないとか、そんな揉め事がなく、できる人間がやるって**

★POINT
Work Breakdown Structure（作業細分化構造）。プロジェクトで実施される作業を5日程度の単位まで細分化してその開始・終了日時や成果物、担当者などを明らかにしたもの。

風になると思うんです」

「確かに、緊急時にはそういう体制が必要かもね」

「それともう一つ、今回のような大幅な手戻りが発生したときに、やるべきことがあります。それを専務にお願いに上がりました」

「何？」

江守が首を傾げた。

「鬼軍曹です」

「はあ？」

江守が目を見開いてマサトを見た。〝鬼軍曹〟という言葉に反感を覚えたようだ。

「専務は、自衛隊とか警察とか、そういう厳しいところがなぜ縦社会なのか、ご存じでしょうか？」

マサトの問いに江守はしばらく考えた後、黙って頷いた。

「厳しい仕事の時は、有無を言わせない命令の方が人のパフォーマンスは上がるってことね」

「はい。普段はこんなのダメですが、大量の作業などを一度にこなす時、人は上からドンと言われた方が頭がスッキリして仕事に集中できます。なぜ、自分がこんなことをとか、他にやりたいことがとか、そういうことを考えなくなる分だけ、効率が上がるそうです。今朝、ネットで確認しただけですが」

「だから、アタシにメンバーへの命令をしろと？」

「はい。誰が、いつまでに何をすべきか。その計画は私達が立てますから、専務はガツンとアサヒ側のメンバーにもベンダーにも落として欲しいんです。その後の指示や監督は豆田室長が行ってくれます」

マサトの言葉に江守が立ち上がって大きな声を出した。

「アンタ、随分と偉くなったもんじゃない。一介の平社員が専務であるアタシを顎で使おうっていうの？」

「必要なら、専務はもちろん社長でも使わせていただきます。それが会社の為なら」

マサトはこれまでにないくらいにハッキリした声で言った。その言葉に、江守は驚いた表情を浮かべたが、やがてその顔に和やかな笑顔が浮かんだ。

「**システム化の目的に照らした要件の峻別《しゅんべつ》、定量的なプロジェクト管理、ベンダーとの協力で作るワンチーム、それに良いシステム作り、いえ会社作りの為に腹を括ること、**それがアンタがＤＸ室で学んだことってわけね」

「はい」

マサトは小さく頷きかけてから首を傾げた。

「今、〝学んだ〟とおっしゃいましたか？」

その言葉に江守は2、3回頷いた。

「ええ。アンタは来月から湘南営業所に移る」

「ええっ？」

「アンタだけじゃない。若田は経営企画部に、小久保はマーケティング部に移る」

「ど、どうして？」

「ＤＸ室で学んだノウハウを各部署に広めて、本当の意味で現場主導のデジタル・トランスフォーメーションを実現する為よ。もちろん、アンタ達は定期的にＤＸ室で情報交換や意見交換をやるけど、あくまで、それぞれの職場が主戦場になる」

「各部署のファーストペンギンってわけですね」

マサトが言った。

「ああ、それと薄羽レイカも社長室の秘書になる」

「そう……ですか」

その名前だけで、マサトは背中に寒気を感じた。

「泰平ちゃんがさ、若い女性の秘書が欲しいとかスケベオヤジみたいなこと言うから、手を出したくても出せない彼女に行ってもらうことにした」

「それは……名案ですね」

「そういうわけで申し訳ないけど、アンタにはこれから色んな営業所を回ってもらうことになる。ヒミコの開発は、こっちでアンタのリカバリ案に基づいてしっかりやっとくから、安心しなさい」

「は、はい。よろしくお願いします」

部屋を立ち去ろうとしたマサトに江守が後ろから声をかけた。

「ところでさ、アンタ、ミズキちゃんの恋人なんだって？」

背中に電極を当てられたような衝撃を覚え、マサトは江守を振り返った。

「ど、どうしてそれを?」

「泰平ちゃんと私は学生時代からの腐れ縁。この会社だって一緒に立ち上げたんだからなんでもツーカーよ」

「そう……なんですね」

答えるマサトに江守が言った。

「アンタ、ミズキちゃんから泰平ちゃんのこと聞いてるでしょ?」

「はあ。あの……自分は社長に捨てられたとか」

マサトはそれまでとは打って変わったか細い声で言った。

「それ、あの娘の誤解だから」

「本当ですか?」

江守がマサトとは対照的なハッキリした声で言った。

「嘘言ってどうすんのよ。泰平ちゃんはね、あの娘が母親のお腹にいることに気づかないまま別れたの。しかもフッたのはあの娘の母親の方。彼女も私の友達だったけど、本人も妊娠に気づく前だった」

「じゃあ、どうして、ミズキちゃんは、あんな誤解を?」

「さあ、それは分からない。でも、とにかくそういうことだから、アンタ、恋人ならあの子の誤解を解いてあげなさいよ」

「ど、どうやってですか？何も知らない僕が何を言っても説得力なんてないですよね？」
「そんなの自分で考えなさいよ。恋人なんでしょ？」

ヒミコのリカバリ・プランは、その日のうちにスタートした。マサトと豆田がヒミコの要件の見直しを行い、角田がプロジェクト計画を見直した。ベンダーと共に行う技術面の検討は当然、日暮の役割だった。

リカバリ案に沿って、ユーザー担当者とベンダーの作業を割り振り、必要に応じて気合を入れる役割は江守と豆田の役割だった。マサトは3週間後、要件の見直しを終えた頃、湘南営業所に異動となった。

結局のところ、手戻りに対応するために、何か特効薬があるわけではありません。さりとて、残業や休日出勤だけでこれに対応しようとすれば、却って作業効率が下がったり、品質が落ちたりという問題も出てきます。要件を絞り込んだり、ユーザー側も手伝ったりという対応は、決してユーザーにとってベストではありませんが、それでもそもそものシステム導入の目的が何かを考えたとき、次善の策としては、そうしたユーザー側の譲歩も避けられないところです。ワンチームなのですから。

手戻りでスケジュールが遅れたときの問いかけ

システム開発には手戻りがつきものです。要件の定義漏れがあった、設計の誤りがプログラミング工程で見つかった、使おうと思っていた技術が実は使えなかった、開発中に法令や制度が変わって機能の見直しが必要になった……原因は様々でも、終わったと思った作業をもう一度やり直さなければならないということは、日常茶飯事とまでは言いませんが、決して珍しいことではありません。

そんなとき、ベンダーは場合によっては最終納期の延期も入れた新たな作業計画を立てて申し出てくるものです。ユーザーとしては基本的にはこれを受け入れざるを得ないことが多いわけですが、こうしたときにベンダーに問いかけて欲しいことがいくつかあります。

「スケジュール維持の為にユーザーにできることはないか？」

「ドキュメントの正式化など遅れても構わない作業を劣後した計画か？」

これらはスケジュールの回復の為に有効な手段ですが、ベンダー自身からは言い出しにくいことで、ユーザーが問いかけて初めてできることです。

また、もう少し突っ込むとすれば、

「高いスキルを持つ技術者が他の人でもできる平易な作業に時間を取られていないか？」

というのも効果的な質問です。これは実際によくある話ですが、例えば、誰もができるドキュメントの体裁チェックを優秀な技術者が行っている場合があります。優秀な技術者からすると、他人に任せるより自分がやった方が早いからなのかもしれませんが、それが為に、本来、彼がやるべき難しい作業が遅れる可能性もありますし、経験の少ない技術者が知識を得るチャンスを逃し、いつまでもプロジェクトに貢献できないという危険もあります。

これについてはベンダー内部で気を付けるべきことではありますが、ユーザーに言われて初めて気づくということもありますので、こんな問いかけも時に奏功することがあります。

第７章

プロジェクトの手戻りへの対応　まとめ

- ITプロジェクトに関わっている以上、手戻りの発生は避けて通れない。
- できるだけ傷を浅く済ませるには、「絶対に譲れない」機能の開発を優先するのもひとつの手。
- それ以外の「話題になりそうな機能」「偉い人が楽しみにしている機能」「新技術を取り入れた、ベンダーが作りたがっている機能」などは、潔く捨てる（遅らせる）判断が大事。
- 緊急時こそ、トップの号令でワンチームに。

最終章

君たちはAIとどう付き合うか

AIはここ数年で目覚ましい発展を遂げています。人間の仕事が奪われる、なんてSF映画のような心配事が現実味を帯びてきている中、共存の道はあるのでしょうか?

システムの企画、提案 ▷ 要件定義 ▷ 見積、契約 ▷ 設計 ▷ 実装 ▷ テスト ▷ 納品 ▷ **保守**

登場するシステム

住宅情報検索サービス

どんなシステム?

1章参照

この章でできるようになること

・AI時代のいま、「人間にしかできないこと」の見つけ方がわかる

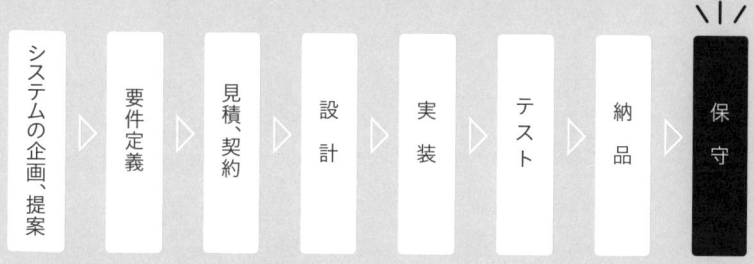

ここ数年でAIは目覚ましく発達しました。企業内だけに限っても、財務会計や人事、生産管理、マーケティングに営業など、それまで人間が行ってきた業務にとって代わることのできるAIが次々と開発され実用化されています。従来なら人間しか行えないとされてきた文章の執筆や絵画の制作なども人が作ったと見まごうばかりの作品が生み出されています。では、そうした中で人間は一体、何をすれば良いのでしょうか？

AIに奪われることのない仕事とは、そしてそれを行う為に人間が磨くべき能力とはどんなものなのでしょうか。無論、これに正解はないでしょう。しかし、マサトはあることをきっかけに、人間とAIが共存する為のヒントのようなものを得ます。それは一体、どんなことなのでしょうか。

アスカの敗北

湘南営業所に異動となったマサトは、日々、忙しく過ごしていた。大きな住宅地がいくつもある地域を担当するにも関わらず、営業担当がわずか四人という湘南営業所には毎日、ひっきりなしに顧客からのアクセスがあり、マンションや一軒家の商談が数多く進められていた。

マサトは湘南営業所でも胸を張れるほどの営業成績は残せていないが、それでも以前の新宿支店の時とは異なり入社7年目の営業職員として平均的な売上は残せるようになっていた。

営業員としてのスキルが格段に上がったわけではない。しかし、1年半のDX室勤務でした様々な経験、主に痛い目にあった経験が彼に、ある種の度胸のようなものをもたらし、それが積極的な営業姿勢と自信のある態度に結びついてはいた。

そしてかつてマサトがシステムテストを手伝ったアスカも、マサトはもちろんアサヒ全体の営業成績向上に一役買っていた。アスカが提案してくる、顧客自身も気づかない自分の趣味趣向や希望が反映された住宅は、それが新築であれ中古であれ、マンションであれ一軒家であれ、一度は顧客の心を惹くものであり、成約率が格段に上がったのだ。

しかし、そんなアスカも時には結果を出せない時がある。

ある日、マサトはマンション購入を希望する40代の夫婦と共に幾つかの物件の内覧を行っていた。訪れたのはいずれもアスカの勧める物件で、スーパーマーケットに近く買い物に便利な場所を望む妻と、通勤のため駅まで徒歩10分以内の物件を望む夫の希望を叶えた上で、彼らの共通の趣味である管楽器の練習も可能な部屋だった。

内覧に行った物件はどれも夫婦に好評で、どれにしようかと二人は真剣に話し合ったが、あまりに条件が揃い過ぎているせいか一つに絞り込むということがなかなかできずにいた。

もう完全にこのどこかに決めてくれると確信したマサトは、「事務所でもう少しお話ししませんか？」と二人に言った。一度全ての物件から離れて、客観的に考えるのが良いと思ったのだ。「それもいいかもね」妻の方が言った。

マサトはその場で事務所に電話をかけ、事務職員の女性に尋ねた。

「あの、今、商談ルーム空いてるかな？　内覧中のお客様をお連れしたいんだけど」

「あー今は無理。どこも塞がっちゃってるよ」

「えっ、そ、そうなの？　困ったな」

今にも契約してくれそうな、この夫婦をここで帰してしまうのは、いかにも惜しい。

「なんとかならないの？」

マサトの問いに事務職員は、「あと30分くらいで一つ空くと思う」と答えた。

「30分かあ、長いなあ」

「もう一軒くらい見せたら？　その辺なら、ウチが扱ってるマンションが他にもあるでしょ」

「ええ……まあ、ちょっと聞いてみる」

確かに、今いるマンションから徒歩10分くらいのところに、もう一軒中古マンションがある。マサトは、事務所の商談ルームが空くまでの時間で、もう一軒見てみませんかと夫婦に申し入れた。夫婦はその日、別段用事もなかったようでマサトの提案に同意した。

訪れたマンションは15階建で、部屋は11階にあった。間取りも十分で内装も綺麗ではあったが、残念ながら夫婦の希望であるスーパーや駅からはいずれも15分以上の距離があった。もちろん、アスカはこの物件を提案はしていない。

二人には悪いことをしたかなと思いながら物件の説明をするマサトを他所に、妻の方がベランダのついた大きな窓を見て目を輝かせて叫んだ。

「ねえ、あれ伊豆大島じゃない？」

マサトが窓を見ると、水平線の向こうに黒々とした大きな島が見える。

「本当だ。へえ、ここから大島なんか見えるんだ」

夫も目を大きく見開いている。このマンションは海岸からは徒歩で25分ほど離れており、パッと見た感じでは海が見えるような場所とは思えないが、11階まで上がると目の前には障害物もなく海が見渡せる。そのことはマサトも知ってはいたが、伊豆大島まで見えるとは知らなかった。

「本当ですね。ぼ、僕も知りませんでした」

二人は、その景色にすっかり魅入られ、幾つかのネガティブな条件は我慢すると言って、そのマンションを契約してしまった。

(こんなことってあるんだ)

マサトは思った。**人間には何かに魅了されると他の条件をそれまでより劣後させてしまうところがあるようだ。〇×や点数で物事を決めるAIには、こうした人間の性質を捉えることは難しいのかもしれない。**

仮契約書にサインをし、今後の手続きを確認した夫婦を見送ったマサトは、手に持ったタブレットの画面上のアスカに、「へへっ。今回は僕の勝ちだね」と言った。アスカは、いつものように目を糸のように細めてただ笑っているだけだった。

人に残される領域

数日後、マサトは朝日社長に呼び出された。

社長が一介の平社員を呼びつけることなど通常あり得ない。マサトは話がミズキに関することを予想しながら東海道線に乗って東京本社へ向かった。


「どうだ?湘南営業所は?」

社長の椅子に座った朝日は鋭い視線で目の前に立つマサトを見据えた。

「は……はい。なんとか」

マサトは答えた。

〝頑張っています。結果も出ています〟

とまで言えるほど、マサトの成績は芳しいものではないが、一方でDX室に帰りたいと言う程に、調子が悪いわけでもない。マサトには今の自分の状況を的確に表す言葉は見つからなかった。

「DX室に異動した当初、ショゲかえっていた頃に比べれば大分マシになったか」

朝日は小さく微笑んだ。

「私のことをその頃から、知ってたんですか?」

尋ねるマサトに朝日は顔をしかめた。

「〝ご存じだったんですか？〟だろ。社会人としての言葉遣いすらできていないとは」

「す、すいません」

「〝申し訳ございません〟だ！……まあ、とにかく、私が君のことを知っていたかって？以前、話の拍子に娘の口から君の名前が突然出てきたことがあってな。調べさせたら娘が付き合っている相手だとすぐに分かった。だからずっと見てきたし、時々、わざと厳しい仕事をやらせたりもした」

（それで……）

マサトはＤＸ室時代に自分に課せられた無理難題のいくつかを思い出した。


「営業成績は、そこそこってところか。アスカは役立っているのか？」

1年半前にリリースしたアスカが好評であることは朝日の耳にも届いていた。

「は、はい。お客様ですら気づかないご自身の希望を見つけ出して提案してくれるので、とても好評です。売上も伸びてるんじゃないかと」

朝日は小さく頷いてから、もう一度マサトに視線を向けた。

「しかし、ああいうものが発達するともう営業職員なんていらないんじゃないかって、そんな不安はないか？」

その質問にマサトは少し黙り込んだ。

確かに、アスカの頭がもっと良くなれば顧客はアスカとだけ相談して物件を決めてしまうのかもしれない。アスカに幾つかの機能を追加すれば、各種の契約手続きや説明も可能だろう。

営業職員の仕事は、もしかしたら内覧の際に現地までの道順を案内し、預かった鍵を渡す程度になってしまうのかもしれない。

（でも……）

マサトは首を振った。

「最初は私もそんな風に考えました。でも、ずっとアスカを使っているうちに、やっぱり人間じゃないとって思うことも……」

「ほう。それは？」

朝日が少し身を乗り出した。

「……僕……いやあの……私は、先日、あるご夫婦にアスカが選んだいくつかの物件を紹介して、皆、それぞれに気に入っていただきました」

「うん」

「どれも適度に便利で環境も良く状態の良い物件でした。でも、ご夫婦が選んだのは、アスカが出した候補にない、たまたま私が提案した中古マンションでした。あちこちに修繕が必要な箇所がかなりあるし、駅からの距離もある物件でした。その割に値段も安くはなくて、だからアスカは候補に載せなかったのですが、ご夫婦が選んだのはそこだったんです」

朝日が眉をひそめた。

「どうしてだ？」

「伊豆大島です」

「伊豆大島?」

「そのマンションは湘南海岸にあって、紹介した部屋からは大島が綺麗に見えたんです。ご夫婦は、その眺望がとても気に入られて」

「大島に縁のあるお客様だったのか?」

「いいえ、そんなことはありません。それに眺望が良いところなら、他にも富士山が見える部屋や夜景の見える部屋もご紹介しました。それでも、ご夫婦はなぜか大島の眺めがとても気に入られて、どうしてもここがいいとおっしゃったんです」

「理屈じゃ割り切れない、心を捉えて離さない物件だったということか」

「はい。それに、中古であちこち傷んでいることも、それも味があって良いし、自分達の好みに合わせてリフォームするのも楽しいとおっしゃってました」

「それも……アスカには理解できない考えかもしれんな」

朝日が小さく頷いた。

「AIはネットの膨大な情報と、その……あとは論理でいろんな判断をします。で、でも、人間にはそれを超えた理屈じゃない感情のようなものがあるなって、そう思ったんです」

「確かに……そうかもしれんな」

朝日は大きく頷いた。その様子に気を良くしたマサトは更に話を続けた。

「別のお客様の話もあります」

朝日は一度、腕時計を見てからマサトに「続けてくれるか」と言った。

「物件をご案内中のお客様ご夫婦が途中で大喧嘩になりました」

「時々あることだな」

朝日は興味深そうにマサトを見つめた。

「その物件は街の中心地から少し離れた一軒家で、とても静かな場所でした。もう60歳を過ぎた旦那さんは、そうした中で静かに、家庭菜園なんかもやりながら暮らしたいというご希望の方でしたので、とても気に入ってくださいました」

「奥さんが反対したのか？」

「奥さんも静かな環境はお望みでしたが最も近い商店街まで歩いて20分は遠過ぎると反対されました」

「それもよくある話だな」

「お二人のお話は徐々に口論になりました。それがどんどんエスカレートして、果ては離婚するかなんて話にまでなっちゃいました」

「そんな大喧嘩に？」

「奥様は家事を自分だけに押し付ける旦那様に長年ご不満があったようです。一方、旦那さんは、自分もできることは精いっぱいやってきたと。収入も自分の方が多いのだから、家事の負担が奥様に多少偏るのは仕方ないんだと」

「旦那の理屈は、これからの時代には通用しないだろうがね。それでどうなった？」

「僕も間に立って色々と仲裁しようとしたり、アスカに新しい物件の候補を上げてもらったりしたんですが……でも結局、お二人はご自分達で解決策を見つけられました」

「どんな？」

「お二人が仕事を辞めて長野に移住されるそうです」

「それはまた、思い切ったな」

「色々と話すうちに、結局、奥様の不満は旦那さんが家にいてくれない、一緒に過ごす時間が少ないことが問題だという結論になりました。もう子育ても終わって、ある程度の貯金もあるので、暮らせるだろうと。自然も豊かですし、買い物も旦那さんが車を出したり、歳を取ったらコミュニティバスもいいだろうと」

「それが正しいかどうかは分からんが、随分と突飛な結論だな」

「ええ。突飛です。おそらくこれもＡＩにはできない人間ならではの判断というかアイディアではないでしょうか？」

そこまで聞くと朝日は社長席から立ち上がり、目の前にある応接セットのソファに腰掛けるとマサトにも座るように促した。恐る恐る社長の正面の席に浅く腰掛けるマサトに朝日は言った。

「君の話は、我が社のようにお客様と接するビジネスが今後どのようにＡＩと付き合っていくかについて貴重な現場の意見ではあるな」

「ぼ……いえ、私にもよく分かりません。ただ、理屈では割り切れないお客様の思いに気づいたりするのはＡＩにはできないようなことの気がして、いえ、しまして、それに会話から生まれるいろんな突飛なアイディアもやっぱり人間ならではじゃないかと」

「お客様の心に徹底的に寄り添う接客と喧嘩をするほどに真剣な会話によるアイディアの創出、AI時代を生きるビジネスマンには必須のスキルかもしれんな。もっともっと、このことを深く研究する必要があるかもしれん。多分、他の業種や業務でもそうなんだろうな。一流の会計士は一見正しくできた帳簿から理屈ではない違和感を感じて不正を見抜くそうだし、コンピュータのプログラムだって、そこには人間が思いついた意外なアルゴリズムがたくさんあるそうだ。考えてみれば経営者のカンなんてものもある。そういうものをもっともっと突き詰めて、**AIにはできない人間の強みというものを我々は再認識する必要があるし、それとAIの持つ幅広い知識や論理的な判断を融合した仕事のあり方、あるいは生活の仕方を考える、**そんな時代なんだろうな……」

「そう……思います」

マサトは小さく頷いた。

AIには触れられない心のヒダ

「ところで。今日、君と話したかったのはAIのことだけじゃない」

「……ミズキちゃ……いえ、ミズキさんのことでしょうか？」

マサトは声が裏返ることに気をつけながら言った。

「ああ。私とミズキが、その……必ずしも上手くいっていないことは君も知ってるんだろ?」

「は、はい。ミズキ……さんも色々と誤解していたことがあるみたいで」

「その件について、昨日の夜、ミズキと話したんだがね」

「誤解は解けたんでしょうか?」

マサトの問いに朝日は首を振り、昨晩の様子を語り始めた。


朝日は何の連絡もせずにミズキの部屋を訪ねた。連絡したところで、体よく断られてしまう気がしたのだ。朝日は、ミズキが芝居の稽古を終えて帰宅する時間を見計らって玄関前で待った。

夜11時頃、稽古に疲れた様子のミズキが帰ってきた。

「どうしたの?こんな時間に」

ミズキは目を丸くしていた。

「ちょっと中で話ができんか?」

やや掠れたような気弱な声で言う朝日にミズキはため息をついてから「どうぞ」と言った。


「で?なんのご用かしら?」

ミズキは狭い部屋の中央にある小さな四角いローテーブルの奥に朝日を座らせ、ティーバッグで入れた緑茶を差し出しながら言った。

「ちゃんと、話したくてな……その、ミズキの母親と私のことを」

ミズキの白い顔が少し青ざめた。ノーメイクにも関わらず赤く色づいた唇が小さく震えている。

「学生時代から付き合ってた母と子供まで作っておきながら、自分の商売の為に金持ちの娘と結婚して私と母を捨てたって話？」

強い視線でそういうミズキの前で朝日は大きく首を振った。

「誰がそんな話を吹き込んだんだ？」

「親戚のおばさんがそう言ってた」

ミズキは小学校4年生のとき、母親を交通事故で亡くしている。その後、全寮制の中学に入るまでの間、遠い親戚の家に預けられていた。

「それは嘘だ。そのおばさんのことは知っている。私の仕事が気に食わず、私のことを嫌っていたからそんなことを言うんだ」

朝日の声が高くなった。

「おばさんのこと、知ってるの？」

「ああ、一度、お前のことを引き取りたいと頼みにいった時、あなたみたいなヤクザまがいには渡せないと追い返された」

「ヤクザ？」

ミズキの目が険しくなった。

「その話も含めて、ミズキのお母さんとの話をさせてくれんか」

ミズキは何も言わないまま、ただ朝日を見つめていた。

「私は、ミズキのお母さんと大学時代に知り合って恋仲になった」

「それは知ってる」

「本当に好きだった。だから就職したら給料の良いところに就職して早々に結婚するつもりでもいた。当時はバブル景気でな、特に不動産業の業績が鰻登りだったから、私も不動産会社に就職したんだ」

ミズキは真っすぐに朝日を見つめたままだ。朝日はそれから逃れるように視線を少し落とした。目の前のお茶には手をつけていない。

「ただ、私はあえて中小の不動産会社を選んだ。すでに出来上がった大企業よりこれから事業を拡大する新興企業の方が面白いと思ったし、いずれは独立して自分の会社を興そうと思っていたから、会社というものの仕組みを全部理解するには小さいところが良いと思ったんだ」

「それで?」

ミズキは抑揚のない声で言った。

「ところが入った会社がまずかった。パッと見た目は普通の会社だったんだが、中でやっていることは所謂、地上げ屋だった」

「地上げ屋?」

「ああ、駅前近くなどの一等地にある小さな商店や一軒家を一気に買い取って広い土地にまとめて、大手のデベロッパーに転売する商売だ」

「知ってる。バブルの頃はすごく儲かったんでしょ?一億で買い取った土地を10億で転売したとか」

「そうだ」

「でも、その強引なやり口が社会問題になったのよね。土地を持ってる人を脅して追い出すようなことをしたり、お店の客が入らないようにして商売を潰したり、本物のヤクザが使われたって話も聞く」

「私の会社もまさにそんなだった。ミズキのお母さんは、私がそんな仕事をするのを嫌がって辞めさせようと必死だった。仕事が忙し過ぎて二人で会う時間もなかったしな」

「それでも辞めなかった？」

「そこまでひどい会社だとは感じていなかった。私は土地の買収交渉には携わっていなくてな、どちらかといえば内勤で経営企画とかをやってた。次はどこら辺の駅前を再開発対象にするかとかそんなことを企画する仕事だった。だから自分の手を汚してはいなかった。実際、地上げの現場でどこまでひどいことをしているのかってのはあまり知らなかったんだ。それでも給料はどんどん上がるし企画の仕事自体は面白かったから辞められずにいた」

「そんなアナタにお母さんの方が愛想を尽かしたと？」

「ああ。私の会社がついに当局に摘発されてマスコミでも地上げのひどい実態が明らかになった。それを見たお母さんはショックを受けてな、今すぐ会社を辞めろと言ってきたのだが、私は自分で悪いことをしている認識はなかったし、もう少し金が貯まれば独立すると言ったのだが、お母さんは、そんなことをしていたら私だって逮捕されかねないと言って、それで大げんかになった。普段から会うこともできなくなっていた不満もあったんだろうな。ある日、一緒に住んでいたマンションに何日かぶりに戻ると、もぬけのからだった」

「その頃、私はお母さんのお腹の中？」

「まだひと月過ぎたところでお母さん自身も気づいてはいなかった。私が知ったのは、もっとずっと後、お母さんが亡くなった時だ」

「お母さんはアナタに何も知らせなかったの？」

「一人で育てるつもりだったらしい。意地っ張りなところがあったしな。私には一切知らせず、ミズキを産んで育てた。彼女は大学時代に公認会計士の資格をとって一流の事務所に就職してたから収入はあったし」

「小さい頃は、アナタに会いたいって何度も思った」

ミズキが呟くように言った。

「すまなかった」

朝日が頭を下げた。

「お母さんが死んだ後も、アタシは親戚の家で必ずしも幸せじゃなかった。冷たくされたわけじゃないけど、その家には子供もいて、私はずっとよそ者扱い。だから中学、高校は全寮制の学校に行ったの」

「金はおばさんが出してくれたのか？」

ミズキは首を振った。

「お母さんが結構、残してくれたからそれで。だから親戚のおばさんにはその後、一切、お世話にならなかった。夏休みとかもずっと一人で寮に残ってたし」

「寂しかったか？」

朝日の言葉にミズキはしばらく黙り込んでから「仕方ないじゃん」と言った。

「それでも休みが終われば、友達も帰ってきたし、付き合ってる男の子もいたから、まあ大丈夫だった。それに……」

「それに？」

尋ねる朝日の顔をミズキは改めて真っすぐに見つめた。

「人を恨む気持ちって、案外、心の支えになるんだよ」

朝日の背筋に冷たいものが走った。

「そんな、ミズキ……。だから、私とお母さんはお前が思うような……」

言いかける朝日の言葉をミズキが遮った。

「信じない！」

「ミズキ」

「そんなの、そんなの信じたら、私……どうやって自分を支えて良いのか分からない。アナタは、私と私の母を捨てた。そうやって自分だけヌクヌクと生きていた！」

ミズキの大きな目から大粒の涙がこぼれ落ちた。

ミズキは両手で顔を覆いながらうつむき、「帰って」と言ったきり何も言わなかった。

話を聞いたマサトは目の前でしょげかえる社長の姿を見つめた。

「どうしたら娘に気に入ってもらえるのか……ＡＩにでも聞いてみたいくらいだな」

朝日は苦笑いを浮かべた。

「多分」

マサトは相変わらず手足が震えるのを感じながら口を開いた。

「ん？」

「〝気に入ってもらう方法〟をＡＩに聞いたら、きっと今まで社長がミズキさんにしてきたことを答えるだけじゃないんでしょうか。コミュニケーションを大切にとか、大人として独立心を尊重するとか、娘の興味を持つことに自分も興味を持つとか、もしかしたらプレゼントとか、そんなことを答えるんじゃないかって思います。す、少なくとも今のＡＩは」

「そうかもしれんな。ＡＩには私の話を信じたくないミズキの気持ちは分からんだろう」

朝日はそう言いながら再び腕時計に目をやった。

「す、すみません。話が長くなっちゃいました」

マサトは朝日の両頬が少し赤く染まっていることに気づきながら言葉を続けた。

「でも、考えてみれば、社長はミズキさんのお母さんのことを一時、本気で愛して、でもフラれちゃった訳ですよね。そして新しい女性、つまり今の奥様と出会って結婚された。普通の失恋と結婚です。それはミズキさんだって理解できたんじゃないでしょうか。ただ認めたくないだけで」

「そういうことだ。ＡＩだったらすぐに私のことを理解してくれる気もするんだが」

「でも、ミズキちゃんは人間ですから……どうしたらいいんでしょう」

「それはこっちが聞きたい」

二人は黙り込んでしまった。その時、マサトは背中に、久しぶりに感じる懐かしい寒気を感じた。

「えっ」と言って振り向くと、そこには真っ黒いワンピース姿の薄羽レイカが立っていた。

目の前に座る朝日も目を丸くしてレイカを見つめている。

「き、君はどうしてここに？」

朝日の問いにレイカは近眼の人間がよくするように目を細くした。

「今日は社長室の資料整理をしろと、アナタに命じられた」

その言葉に朝日は「あっ」と小さな声を漏らした。

「だからあそこにいた」

レイカは社長室の角にある小さな扉を指差した。その奥には小さな机が一つだけ置かれた小部屋がある。

「き、君は今までの話を全部聞いていたのか？」

レイカはその問いに答えないまま、「娘はアナタを悪者にしたい」と言った。

「悪者にしたい？」

「娘の十代は寂しく辛い子供時代と青春だった。友達や恋人がいても、帰れる家がなく、何があっても自分を支える家族もいない。そもそも自分が何者であるのか確信も持てない。そんな寂しさや辛さと向き合うためには、どこかに悪者を作って恨むしかない。娘はそうやって心のバランスを保ってきた」

「だから私を?」

朝日の問いにレイカは小さく頷いた。

「レイカさん、そういうこと分かるんですか?もしかしてレイカさんも同じような……」

マサトはそう言いかけたが、その途端にレイカに向けられた鋭い視線に黙り込んだ。

「それじゃあ、今になっていくらミズキと本気で話をしても関係は修復できんということか?」

レイカは首を振った。

「今は少し違う。娘には劇団がある。本気で心をぶつけ合い、共に悩み、苦しみ、喜び、支えあう仲間ができた。少しだけだが家族に似たような関係ができた。そんな関係によって娘に人を恨む必要がなくなれば、そのとき初めてアナタを理解する準備ができる」

以前にマサトはミズキのことを少しだけレイカに話したことがある。

「そうか」

朝日が一つため息をついた。

「でも足りない。それだけではまだ。娘に心を開いてもらうには」

「どうしたらいい?」

朝日が再び体を乗り出した途端、レイカはマサトの方を向いた。

「結婚しろ」

「へっ?」

マサトは口を半開きにしたまま言った。

「結婚して家族になれ。娘が本当に安心して笑って泣いて怒鳴れる場所を作れ。過去の寂しさを忘れさせろ。それで娘の心は徐々に開かれる。社長への恨みを支えとしないでも生きていけるようになれば……」

レイカはそこまで言うと朝日の方に向き直った。

「きっとアナタとも分かり合える。同じ人間同士だから」

朝日の目に、その日初めて光が宿った。

「そうか。うん。そうかもしれん」

大きく頷く朝日の隣で、マサトは混乱した。

無論、ミズキのことは好きだったし、将来はと考えてはいたが、それを現実として受け止めるには彼はあまりに自信のない男だった。

「そ、そんな……だってミズキちゃんはまだ25だし、ぼ、僕なんかまだ半人前で、給料だって安いし……」

ドギマギするマサトの目の前に朝日が立ち上がり大声でどなりつけた。

「いいから結婚しろ！」

「ひい！」

「おお、そうだ。私だって、貴様のような半人前どころか十分の一人前にミズキを渡すのは痛恨の極みだが、それしか方法がないなら仕方ない。許してやるからとっとと結婚でもなんでもせんか！」

「いや、でも……」

「嫌だと言うなら、貴様なんか業務支援部（第1章参照）に送り込んで、一生そこから出さんぞ！いいのかそれで」

「い、嫌です。します……ミ、ミズキちゃんと結婚します！」

こうして、マサトは社長とレイカの恫喝の中、最愛の人との結婚を決めた。今晩にでもプロポーズをしないと本当にオジ捨て山に送られる。マサトはそう思った。


人間の脳にはまだまだ解明されていない部分が多くあります。理屈ではなく何かに強烈に惹かれる心、何かを否定したい気持ち、あるとき、なんの脈絡もなく生まれる新しいアイディアもありますし、〝三人寄れば文殊の知恵〟という言葉がある通り、人との会話がそれまで誰も思いつかなかった解決策を導いてくれることもあります。

将来的には分かりませんが、少なくとも当面は、こうしたことは人間だからできる、論理では割り切れないシンキングメソドロジーであり続けるでしょう。AIの幅広い知識と論理的な判断、それに人間ならではの非論理的な思考が融合してできる世界、私達はそんなものを目指すべきなのかもしれません。

AIにはない人間の感性

人間とAIがどのように付き合っていくのか、これは非常に難しい問題です。クリエイティブな作業や全く新しいものの発明は人間の領域として残されるという話も聞きますが、そもそも全ての人間が、クリエーターや発明家になれるわけではありません。そこまで言わなくても、例えば企業では、新しい企画を立ち上げるのが得意な人がいる一方で、決められたことをきちんとやることが得意という人もかなりいます。そうした人達を含めて**全ての人間が幸せに生きていけるAIとの付き合い方、棲み分けのようなものを探すのは本当に難しい課題**と言えるでしょう。もしかしたら人類永遠の課題になってしまうのかもしれません。

ただ、ここで考えたいのは**私達人間が仕事をする相手がやはり人間であるということ**です。例えば商品には、デザインであれ機能であれ、何かしら人の感性に訴えかける魅力が必要です。接客業では、お客さんに心地良く過ごしてもらう為の応対を、その場その時の状況を踏まえて行うことが必要です。学校の先生は生徒の、医者は患者のちょっとした態度から今必要な対応をとることが求められます。会計の帳簿を作りながら、「この工場の利益が低いな、そういえば、あそこの社員は最近元気ないよね」などと思いを馳せられるのも人間です。

こうした感性はどんな人間でも持ち合わせているものであり、少なくとも現段階ではＡＩには備わっていないものです。

こうした人間の感性を仕事に活かすことについては、その方法が確立しているわけでもなく、具体的に仕事に利用できるまでには至っていませんが、このあたりをもっと研究して、業務に役立てるといったことも考えてみる価値はあるのではないでしょうか。

最終章

君たちはAIとどう付き合うか　まとめ

- AIが代替可能な仕事は、今後増えてくるだろう。
- しかし、AIが判断基準とする「点数」や「○×」では推し測れない、相手の心のヒダに触れるような血の通ったやりとりは、人間にしかできないものである。
- AIの持つ広範な知識と論理的な判断、それと人間の強みを掛け合わせた仕事のあり方を考えていく必要がある。

エピローグ　DX室に来て良かったですか？

「今、なんて？」

真剣な表情のマサトの前で、ミズキは少しだけ首を傾げた。

「だ、だから……あの、ミズキちゃん。け、結婚……して……くれたり……なんて考えてみて……」

「それ、もしかしてプロポーズ？」

ミズキの言葉にマサトは耳まで赤くなりながら首を縦に振った。その様子を冷静な目でじっと見つめていたミズキは、やがて一つため息をついてから「ありえない」と言った。

「えっ？」

「ありえないっていったの」

ミズキの語気が強くなった。

「えっええ。えええ？ど、どうして、どうしてえ？」

マサトの声は二人が食事をする店の奥まで響いた。マサトの目は驚きで大きく見開かれるとともに、うっすらと曇り始めた。

「なんで、なんで？ぼ、僕のこと嫌いになった？」

「そんなことないけど」

ミズキが唇を尖らせた。

「じゃあ、どうして？ ぼ、僕の給料が安いから？ それとも、地方の営業所回りなんて仕事がダメ？」

ミズキは二人の間にあるテーブルに上半身を乗せるようにして、美しい顔をマサトに近寄せてから小さな声で言った。

「ここ、牛丼屋だよ。こんなところでプロポーズする？ 普通」

その日、マサトとミズキは仕事と稽古に追われ、深夜にしか会えなかった。マサトの住むマンションの近くでこの時間まで空いている店は、ここしかなかったのだ。

「480円の牛丼とお新香とおみそ汁を前に生涯一度のプロポーズを聞くなんて、あり得ない」

ミズキは上体を起こして姿勢を元に戻した。

「そっか。そう……だよね」

マサトは下を向いた。プロポーズの場所なのかマサトとの結婚なのか、そのどちらが〝ありえない〟のか、マサトには分からなかった。嫌われてはいないと思う。しかし、ミズキが自分のことを、まだまだ生涯の伴侶としては不足であると考えている可能性は十分にある。視線を落とすマサトにミズキが小さな声で言った。

「本当にいいの？ 私で」

「えっ？」

「こんな、父親を恨んでひねくれてるような女でいいの？」

「……」

「それに、結婚したって私、芝居に夢中でマー君のこと、かまってあげられないかもしれない。きっと奥さんとしては失格だよ。それでもいいの？」

　マサトはしばらく考えてから口を開いた。

「僕、ＩＴの仕事なんか絶対に嫌だって思ってた。あんなコンピュータ相手にカチャカチャやるだけの仕事なんて」

「そうだったよね」

「今だって、本当は別に好きじゃないかもしれない。営業職に戻れて、正直喜んでる」

「うん」

「でも……少なくともＤＸ室にいた経験は、やっぱり宝物だと思う」

「どうして？」

　ミズキが首を傾げた。

「こんなド文系の僕でも、実はＩＴに携わっていいんだって分かったから」

「実は向いてたとか？」

　ミズキの問いにマサトは首を振った。

「そんなことはないと思う。やっぱりＩＴって難しいし。でも、ＩＴってプログラムとか作れるプロだけじゃあ絶対に作れない。ただコンピュータを使うだけの素人が我儘放題言って、あれ分からない、これ教えてと言いながらプロとやりとりしてやっと出来上がるんだ。素人は素人なりに必要なんだよ。そうじゃなきゃ、業務に役立って誰もが使える良いシステムなんて、きっとできない」

「だからマー君が必要？」

「うん。ＩＴから逃げてたら、そんな自分の居場所に気づかないところだった。自分の居場所って大事だよね」

その言葉にミズキは大きく頷いた。

「そう、大事。すごく大事」

「ウチの会社にもＩＴなんて自分と関係ないって思ってる人、すごく多いけど、そんなことない。ＩＴ開発やＤＸに参加すれば、きっと自分の必要性に気づくと思うんだ。それを知らないで、食わず嫌いをしている人がすごく多い」

「だから、素人でもＩＴやＤＸから逃げないことが大事。チャンスがあればむしろ積極的に参加すべきって、そう言いたいの？」

「うん」

マサトは大きく頷いた。

「それはそう。私もそう思うし、マー君が最近、少しだけ自信のある態度をとれるようになったのも、きっと自分のいられる場所を一つ見つけたからだと思う……だけど」

「だけど？」

「それと、私との結婚とどんな関係があるの？」

「いや、だから、その……僕は、ＩＴの仕事で色んな失敗を見ながら、なんとか開発がうまくいって欲しいって思ってた。それは結局、会社がうまくいって欲しいっていう気持ちと、自分が成功したいっていう気持ちの両方があるから、そんなことを考えたんだと思う」

「だから？」

「ミズキちゃんのこともなんとか幸せにしたいって思うから、そうすれば自分も幸せだって思うから、今、たとえミズキちゃんのことを全部は知らなくても、これからミズキちゃんの良くないところを沢山見たとしても、そういう気持ちがあれば、逃げずにぶつかっていける。そうやってミズキちゃんの本当の夫になっていける。僕がそんな風に思える相手は、この世でミズキちゃんしかいない。それは絶対にそうだから、だから……それで、今、牛丼食べてたら、そんな気持ちが抑えられなくなっちゃって、それでつい」

「〝つい〟プロポーズしちゃった？」

「う、うん」

「なんなのそれ？」

「ご、ごめんなさい」

ミズキは、しばらくの間マサトを見つめてから、「行こう」と言った。

「えっ？ど、どこへ？」

「どこだっていいよ。でも、とにかく牛丼屋でプロポーズなんて嫌。もっと夜景がきれいとか、とにかく雰囲気の良いところで。もう一回やり直し！」

ミズキの目から涙がこぼれたが、マサトはそれに気づかないまま、「はい」と返事をした。（了）

ブックデザイン　沢田幸平（happeace）
イラスト　今宵
DTP　有限会社 中央制作社

エンジニアじゃない人が
欲しいシステムを手に入れるためにすべきこと

2024年10月 7日　初版第1刷発行

著者　細川 義洋
発行人　片柳 秀夫
編集人　志水 宣晴
発行　ソシム株式会社
https://www.socym.co.jp/
〒101-0064　東京都千代田区神田猿楽町1-5-15 猿楽町SSビル
TEL：(03)5217-2400（代表）
FAX：(03)5217-2420

印刷・製本　中央精版印刷株式会社

定価はカバーに表示してあります。

落丁・乱丁本は弊社編集部までお送りください。送料弊社負担にてお取替えいたします。

ISBN 978-4-8026-1487-0　